安全生产重要文件解读本
（2018）

国家安全生产监督管理总局信息研究院　编

U0299394

煤 炭 工 业 出 版 社

·北　京·

图书在版编目（CIP）数据

安全生产重要文件解读本．2018／国家安全生产监督管理总局信息研究院编．－－北京：煤炭工业出版社，2018（2019.6 重印）

ISBN 978－7－5020－6367－2

Ⅰ．①安…　Ⅱ．①国…　Ⅲ．①安全生产—文件—汇编—中国—2018　Ⅳ．①X93

中国版本图书馆 CIP 数据核字（2017）第 056459 号

安全生产重要文件解读本（2018）

编　　者	国家安全生产监督管理总局信息研究院
责任编辑	李振祥　张　成
责任校对	邢蕾严
封面设计	王　滨

出版发行　煤炭工业出版社（北京市朝阳区芍药居 35 号　100029）

电　　话　010－84657898（总编室）

　　　　　010－64018321（发行部）　010－84657880（读者服务部）

电子信箱　cciph612@126.com

网　　址　www.cciph.com.cn

印　　刷　北京建宏印刷有限公司

经　　销　全国新华书店

开　　本　710mm×1000mm$^1/_{16}$　印张　10　字数　129 千字

版　　次　2018 年 4 月第 1 版　2019 年 6 月第 2 次印刷

社内编号　20180249　　　定价　50.00 元

目　　次

《国家职业病防治规划
（2016—2020 年）》解读

日前，国务院办公厅发布了《国家职业病防治规划（2016—2020年)》（以下简称《规划》），这是"十三五"时期做好职业病防治工作、保障劳动者职业健康权益和推进健康中国建设的纲领性文件，是贯彻落实党的十八届六中全会精神、保障劳动者职业健康的重大举措，对全面建设小康社会、推进健康中国建设具有重大意义。

一、《规划》的起草背景

职业病防治工作事关劳动者身体健康和生命安全，事关经济发展和社会稳定的大局。党中央、国务院高度重视职业病防治工作。《"健康中国2030"规划纲要》明确提出，要强化行业自律和监督管理职责，推动企业落实主体责任，推进职业病危害源头治理，预防和控制职业病发生。《职业病防治法》实施以来特别是《国家职业病防治规划（2009—2015年）》印发以来，职业病防治体系逐步健全，监督执法力度不断加强，源头治理和专项整治力度持续加大，用人单位危害劳动者健康的违法行为有所减少，工作场所职业卫生条件得到改善，重大急性职业病危害事故明显减少。但是，当前我国职业病危害依然严重，新的职业病危害因素不断出现，对职业病防治工作提出新挑战。为此，按照《"健康中国2030"规划纲要》精神，依据《职业病防治法》，按照国务院统一部署，国家卫生计生委、安全监管总局编制了本《规划》。

二、《规划》的主要特点

《规划》坚持目标导向和问题导向，突出了战略性、系统性、指导性、操作性，具有以下鲜明特点：

一是突出源头治理的原则。职业病防治工作的关键在于前期预防和源头治理，《规划》科学把握职业卫生发展规律，坚持预防为主、防治结合，以重点行业、重点职业病危害和重点人群为切入点，引导用人单位进行技术改造和转型升级，强化从源头预防控制职业病危害，从根本上减少职业病的发生。

二是突出用人单位主体责任。《规划》突出强调了用人单位在职业病防治工作中应承担的主体责任，确保工作场所作业环境有效改善，职业健康监护工作有序开展，劳动者的职业健康权益得到切实保障。

三是突出职业病防治全流程管理。《规划》明确了各部门职责分工，注重部门协调和资源共享，在具体工作指标和主要任务中均体现了防、治、保等职业病防治关键环节的有效衔接，有利于加强部门协调配合，形成合力，保障和推动《规划》顺利实施。

三、《规划》的核心内容

《规划》首先阐述了职业病防治工作的重要性和必要性，总结《国家职业病防治规划（2009—2015年)》实施以来取得的成绩，分析了面临的主要问题和挑战，明确了"十三五"期间的工作定位。提出坚持正确的卫生与健康工作方针，坚持依法防治、源头治理和综合施策的基本原则，明确了2020年总体工作目标和10个可量化的具体工作指标，主要任务及实施举措如下：

一是强化源头治理。开展全国职业病危害调查摸底。推广有利于保护劳动者健康的新技术、新工艺、新设备和新材料。在重点行业领域开展专项治理。

二是落实用人单位主体责任。加强建设项目职业病危害预评价、防护措施控制效果评价和竣工验收等环节的管理，改善作业环境和劳动条件，建立完善规范职业健康监护制度。

三是加大职业卫生监管执法力度。加强职业卫生监管网络建设，大力提升基层监管水平。建立用人单位和职业卫生技术服务机构"黑名单"制度，定期向社会公布并通报有关部门。

四是提升防治服务水平。完善职业病防治服务网络，充分发挥好各类医疗卫生机构的作用。优化服务流程，提高服务质量。充分调动社会力量的积极性和创造性。

五是落实救助保障措施。规范用人单位劳动用工管理，依法签订劳动合同。督促用人单位依法按时足额缴纳工伤保险费。做好工伤保险与其他保障救助等相关制度的有效衔接。

六是推进防治信息化建设。建立完善重点职业病与职业病危害因素监测、报告和管理网络。规范职业病报告信息管理，提高部门间信息利用效率。

七是开展宣传教育和健康促进。广泛宣传职业病防治法律法规和相关标准。创新方式方法，推动"健康企业"建设。

八是加强科研及成果转化应用。鼓励和支持职业病防治基础性科研工作和前瞻性研究。开展重点技术攻关，加快科技成果转化和应用推广。

四、《规划》的落实

为保障《规划》目标的实现，从加强组织领导、落实部门责任、加大经费投入、健全法律法规和标准、强化人才队伍建设 5 个方面，提出保障措施，要求各地区将职业病防治工作纳入当地国民经济和社会发展总体规划，健全职业病防治工作联席会议制度，完善责任考核制度，2020 年组织实施终期评估。

《安全生产"十三五"规划》解读

日前，经李克强总理签批，国务院办公厅印发了《安全生产"十三五"规划》（以下简称《规划》）。《规划》明确了"十三五"时期安全生产工作的指导思想、发展目标和主要任务，对全国安全生产工作进行了全面部署。《规划》的实施，对促进"十三五"时期安全生产工作稳步推进、实现安全生产持续好转具有重大意义。贯彻落实好《规划》，应当把握以下8个要点：

一、坚持一条红线——推动安全发展

党的十八大以来，习近平总书记、李克强总理作出了一系列重要指示批示，深刻阐述了安全生产的重要意义、思想理念、方针政策和工作要求，强调始终坚持人民利益至上，坚守"发展决不能以牺牲安全为代价"的红线意识。这条红线是确保人民群众生命财产安全和经济社会发展的保障线，也是各级党委政府及社会各方面加强安全生产的责任线。《规划》把红线意识作为指导安全生产各项工作的大方向、总战略，并将之凝练归纳为"安全发展"理念，强调大力弘扬安全发展理念，大力实施安全发展战略，把安全发展融入经济社会发展大局，贯穿于规划、设计、建设、管理、生产、经营等各环节。深化安全发展理论研究，统筹谋划安全生产政策措施，着力破解影响安全发展的重点难点，推动经济社会科学发展、安全发展。贯彻落实《规划》，首先要强化红线意识、底线思维，以此统领、指引各项工作。

二、瞄准一个目标——为全面建成小康社会提供安全保障

"十三五"时期是全面建成小康社会、实现我们党确定的"两个一百年"奋斗目标的第一个百年奋斗目标的决胜阶段。安全生产事关人民群众福祉，事关经济社会发展大局，作为全面建成小康社会的重要内容，必须与全面建成小康社会相适应。为此，《规划》强调大力提升整体安全生产水平，有效防范遏制各类事故，为全面建成小康社会创造良好稳定的安全生产环境，提出到 2020 年事故总量明显减少，重特大事故频发势头得到有效遏制，职业病危害防治取得积极进展，安全生产总体水平与全面建成小康社会目标相适应的总体目标，以及亿元国内生产总值生产安全事故死亡率、工矿商贸就业人员十万人生产安全事故死亡率等 9 项具体指标。贯彻落实《规划》，必须紧紧围绕这个目标，坚持目标导向，坚定必胜信心，切实落实责任，强化工作措施，让目标一步步落地生根，最终实现美好蓝图。

三、坚持一个中心——坚决防范遏制重特大事故

习近平总书记多次强调，要把遏制重特大事故作为安全生产整体工作的"牛鼻子"来抓，切实提高安全发展水平，坚决遏制重特大安全生产事故发生。当前，重特大事故多发，给人民群众生命财产安全造成重大损失。《规划》把坚决遏制重特大事故频发势头作为"十三五"时期安全生产工作的重中之重，提出加快构建风险等级管控、隐患排查治理两条防线，采取有效的技术、工程和管理控制措施，坚持预防为主、标本兼治、系统建设、依法治理，切实降低重特大事故发生频次和危害后果，最大限度减少人员伤亡和财产损失，并明确了煤矿、非煤矿山、危险化学品、道路交通等 17 个行业领域重特大事故防范的重点区域、重点环节、重点部位、重大危险源和重点措施。贯彻落实《规划》，一定要把上述措施落到实处，严格监管监察，强化风险管控，切实保障人

民群众生命财产安全。

四、贯穿一条主线——全面落实《意见》重大举措

2016 年 12 月，中共中央、国务院印发《关于推进安全生产领域改革发展的意见》（以下简称《意见》）。这是历史上第一次以党中央、国务院名义印发安全生产方面的文件，充分体现了以习近平总书记为核心的党中央对安全生产工作的极大重视。《意见》科学谋划了安全生产领域改革发展蓝图，提出了 30 项具体措施。《规划》作为落实《意见》的重要举措，在编制过程中，始终注重加强与《意见》的衔接，细化、完善、分解了《意见》确定的各项目标、任务和工程，确保实现《意见》提出的到 2020 年实现安全生产总体水平与全面建成小康社会相适应的中期目标，为到 2030 年实现安全生产治理能力和治理体系现代化的长期目标打下坚实基础。贯彻落实《规划》，必须把握《意见》与《规划》的关系，按照《意见》确定的任务单、时间表和路线图，坚持全面推进与重点突破相协调、立足当前与谋划长远相结合，统筹实施、真抓实干、务求实效。

五、强化三方责任——党委政府领导、部门监管、企业主体责任

习近平总书记多次强调要坚持"党政同责、一岗双责、齐抓共管、失职追责"和"三个必须"要求，严格落实安全生产责任制。这是我们党维护人民群众生命财产安全的政治使命和责任担当，是中国特色社会主义优越性的充分体现，也是促进安全生产工作最直接、最有效的制度力量。《规划》把"构建更加严密的责任体系"作为首要任务，强调建立安全生产巡查制度，实行党政领导干部任期安全生产责任制，加强地方各级党委、政府对安全生产工作的领导；依法依规制定安全生产权力和责任清单，完善重点行业领域安全监管体制，落实各有关部门的安全生产监管责任；强化企业主体责任，加快企业安全生产诚信体系建

设、完善安全生产不良信用记录及失信行为惩戒机制。《规划》实施过程中，要通过强化三者责任，特别是督促企业落实主体责任，凝聚共识、汇集动力、形成合力，构建安全生产齐抓共管格局。

六、突出六大领域——抓好煤矿等重点行业领域依法监管和专项治理

习近平总书记多次强调对易发重特大事故的行业领域，要推动安全生产关口前移，深化重点行业领域专项治理，狠抓隐患排查、责任落实、健全制度和完善监管，加强安全生产监管执法和应急救援工作。其中，煤矿、非煤矿山、危险化学品、烟花爆竹、工贸、职业健康六大领域，是防范遏制重特大事故的重点领域，更是各级安全监管监察部门推动安全生产依法治理的关键行业。针对上述六大领域，《规划》提出推动不安全矿井有序退出；开展采空区、病危险库、"头顶库"专项治理；坚决淘汰不符合安全生产条件的烟花爆竹生产企业；加快实施人口密集区域危险化学品和化工企业生产、仓储场所安全搬迁工程；严格烟花爆竹生产准入条件，实现重点涉药工序机械化生产和人机、人药隔离操作；推动工贸企业健全安全管理体系，深化金属冶炼、粉尘防爆、涉氨制冷等重点领域环节专项治理；夯实职业病危害防护基础，加强作业场所职业病危害管控，提高防治技术支撑水平。各级安全监管监察部门应当敢于担当、主动作为，从严、从实、从细抓好上述六大领域监管监察工作。

七、落实八大工程——实施监管监察能力建设等8项重点工程

安全生产重在强基固本。习近平总书记强调，必须加强基础建设，从最基础的地方做起，实现人员素质、设施保障、技术应用的整体协调。为加强安全生产基层基础，《规划》充分发挥重点工程的载体作用，提出实施监管监察能力建设、信息预警监控能力建设、风险防控能

力建设、文化服务能力建设等八大类 80 余项重大项目工程，加快完善各级安全监管监察部门基础工作条件，改造升级企业在线监测监控系统，建设全国安全生产信息和大数据平台，建成一批煤矿灾害治理、危化品企业搬迁、信息化建设、公路防护工程等重大安防、技防工程。《规划》实施过程中，各地区、各有关部门应当加大对重大工程项目的投入和推进力度，积极落实各类重大项目前期建设条件，优先保障规划选址、土地供应和投融资安排，加快重大工程项目实施。

八、做好四项保障——目标责任、投入机制、政策保障、评估考核

《规划》能否发挥成效，关键在于实施。为增强约束指导功能，防止出现"空中楼阁、束之高阁"现象，《规划》提出落实目标责任、完善投入机制、强化政策保障、加强评估考核四方面保障措施，要求各地区、各有关部门制定实施方案，明确责任主体，确定工作时序，加强中央、地方财政安全生产预防及应急等专项资金使用管理，吸引社会资本参与安全基础设施项目建设和重大安全科技攻关，推动建立国家、地方、企业和社会相结合的安全生产投入长效机制，并明确制定完善淘汰落后产能及不具备安全生产条件企业整顿关闭、重点煤矿安全升级改造、重大灾害治理、烟花爆竹企业退出转产等 10 余项经济产业政策。贯彻落实《规划》，各地区、各有关部门应当按照《规划》实施分工，完善综合保障条件、严格监督考核机制，营造良好的安全发展政策环境。

《关于做好安全生产"十三五"规划实施工作的通知》解读

近期，经国务院领导同志同意，国务院安委会印发了《关于做好安全生产"十三五"规划实施工作的通知》（以下简称《通知》）。《通知》是贯彻落实《安全生产"十三五"规划》（以下简称《规划》）的重要举措，也是推动《规划》落实的有力抓手。

《通知》在总结借鉴以往安全生产规划，以及同类型专项规划和地方规划实施的好经验、好做法基础上，提出3个方面10个小项具体要求。具有以下5个方面的特点：

一、明确规划实施的责任主体

习近平总书记强调"安全生产责任重于泰山"。做好《规划》实施工作，一定要明确分工、细化责任、善抓落实。为此，《通知》强调地方各级人民政府是《规划》实施的主要责任主体，要成立《规划》实施领导小组，制定实施方案，明确各项目标、任务和工程的完成时间表、路线图。同时，为发挥国务院有关部门作用，《通知》明确了近60项主要工作的牵头部门和完成时限，强调牵头部门要切实负起责任，其他部门也要积极参与。

二、建立相互衔接的规划体系

《规划》涉及安全生产各个行业领域，涉及各级政府及有关部门，要提高《规划》实施效果，必须加强不同地区、部门规划的相互衔接，促进形成规划合力。为此,《通知》要求各地区在《规划》实施过程中,要统筹考虑落实《中共中央 国务院关于推进安全生产领域改革发展的意见》,要将《规划》与本地区、部门的安全生产专项规划、行业发展规划、城乡发展规划等规划有效衔接,分解细化《规划》目标任务,健全相互衔接的规划体系。

三、推动三个重大的顺利落地

重大项目、重大工程、重大政策是《规划》实施的重要载体。"三个重大"推进的好不好,很大程度上决定了《规划》实施的质量高不高。为此,《通知》要求各地区、各有关部门统筹安排重大工程项目所需财政支出,简化重大工程项目审批核准程序,优先保障规划选址、土地供应和融资安排,加大对重大工程项目的推进进度。尽快制定完善不具备安全生产条件企业整顿关闭、重点煤矿安全升级改造、重大灾害治理、企业安全生产责任保险等重大经济产业政策。

四、突出重特大事故的预防遏制

坚决遏制重特大事故是当前安全生产工作的首要任务,也是《规划》的重中之重。为此,《通知》要求各地区、各有关部门要加强安全风险分级管控和隐患排查治理双重预防机制建设,按照"党政同责、一岗双责、齐抓共管、失职追责"和"三个必须"的要求,督促生产经营单位切实落实安全生产主体责任,严格安全生产条件,加大安全生产投入,加强现场安全管理,深入开展隐患排查治理,有效防范各类事故发生。

五、严格规划实施的监督考核

《规划》作为指导"十三五"时期安全生产工作的纲领性文件,为增强《规划》约束指导功能,防止出现"空中楼阁、束之高阁"现象,

《通知》要求各地区把《规划》实施情况作为定期研究审议安全生产工作的重要内容，并纳入对下一级人民政府考核范围和干部政绩业绩考核评价体系，完善《规划》目标指标的统计、监测和考核办法，加强对约束性指标的跟踪分析和考核，并将考核结果通报组织部门。国家安全监管总局将在 2018 年、2020 年牵头开展《规划》中期评估和总结评估。

《关于实施遏制重特大事故工作指南全面加强安全生产源头管控和安全准入工作的指导意见》解读

近日，国务院安委办印发《关于实施遏制重特大事故工作指南全面加强安全生产源头管控和安全准入工作的指导意见》（安委办〔2017〕7号，以下简称《意见》）。《意见》从总体思路、重点任务、保障措施三大方面提出了指导性意见，为更有效地加强源头管控、严格安全准入、防范和遏制遏制重特大事故提供了重要遵循。

一、制定《意见》的必要性

国务院安委办制定出台《意见》主要有以下3个方面的考虑：

一是突出抓好"牛鼻子"工程。近年来，安全生产重特大事故时有发生，去年全年发生重特大事故32起，平均每月近3起，不但给人民群众生命财产安全造成重大损失，也引起社会广泛关注，产生了较大的社会负面影响。党的十八届三中、四中、五中全会，中央城市工作会议、2016政府工作报告等都对遏制重特大事故作了突出强调。围绕这一工作重心，《意见》以源头管控和安全准入为抓手，与其他手段形成合力，旨在坚决遏制重特大事故发生。

二是细化了《工作指南》的相关要求。2016年，国家安全监管总局出台了《标本兼治遏制重特大事故工作指南》（安委办〔2016〕3号），（以下简称《工作指南》），其中对全面加强安全生产源头管控和安全准入工作提出原则要求。对此，《意见》进一步细化措施，并与

《工作指南》《关于实施遏制重特大事故工作指南构建双重预防机制的意见》（安委办〔2016〕11号）等共同构成防范和遏制重特大事故的系统性举措。

三是坚持问题导向。一些地方和企业在安全生产源头管控和准入关口上把控不严不实的现象仍然存在，如项目规划设计安全评估还不到位，城乡安全保障布局不合理现象较为突出；有些生产工艺、技术、设备和材料存在"先天不足"，高危行业和重点行业领域关键岗位人员安全素质和职业安全技能不能满足岗位需要等。解决上述突出问题，必须加大安全准入把关力度。

二、抓住关键，明确五大方面重点任务

《意见》确立了"构建集规划设计、重点行业领域、工艺设备材料、特殊场所、人员素质'五位一体'的源头管控和安全准入制度体系"的目标要求，并据此提出5个方面的重点任务。

（一）明确规划设计安全要求

具体包括4个方面的要求：

一是加强规划设计安全评估。因规划设计把关不严，造成严重后果，这方面的教训很多。如山东省青岛市"11·22"输油管道泄露爆炸事故，暴露出一些地区在规划和管线设计中存在隐患和风险。突出表现在部分城乡规划和管线工程设计对安全生产要求考虑不充分，产生安全隐患；违反已批准的城乡规划进行设计、建设，产生隐蔽致灾隐患。为此，《意见》明确要求高危项目必须开展安全风险评估和防控风险论证，明确重大危险源清单。职业病防治工作关系到广大劳动者的身心健康，是重大的民生问题。近年来，我国职业健康监管工作虽然取得积极进展，但总体发展仍不平衡，面临的形势依然严峻。《意见》要求按照《安全生产法》《职业病防治法》等有关要求，严格落实规划审批工作，确保安全生产和职业病防治工作与经济社会发展同规划、同设计、同实施、同考核评估。

二是科学规划城乡安全保障布局。随着我国城镇化进程加快，长期积累的安全生产矛盾正在集中显现，部分城区与工业区相向发展形成粘连，尤其是城乡建设中安全规划不到位的问题日益凸显，安全防护距离不符合相关标准，形成了新的隐患。如重庆天原化工厂"4·15"事故、天津港"8·12"瑞海公司危险品仓库特别重大火灾爆炸事故给规划安全敲响了警钟。为此，《意见》强调各地区城乡规划布局、设计、建设、管理等各项工作必须严把安全关，科学设定安全防护距离、紧急避难场所和应急救援能力布局，同时要求明确安全管控责任部门及责任人。鉴于化工园区的特殊安全要求，《意见》要求加快实施人口密集区域的危险化学品和化工企业生产仓储场所安全搬迁工程。

三是严把工程管线设施规划设计安全关。当前我国部分已建油气管道存在着占压、安全距离不足、不满足安全要求的交叉穿越等突出问题。《意见》要求工程管线规划布局、设计与敷设要依法依规，并完善相应的建设规范，健全油气管线安全监管措施和办法，从严控制人员密集区域管线输送压力等级，鼓励各地区按照安全、有序原则建设地下综合管廊。为确保各地、各单位将加强安全管控贯穿于规划、建设、运营全过程，《意见》提出建立地下综合管廊安全终身责任制和标牌制度，接受社会监督。

四是严把铁路沿线生产经营单位规划安全关。铁路沿线的生产安全不仅关乎生产经营单位自身，更与铁路正常交通运输及旅客人身安全息息相关。2016年济南联华恒基经贸有限公司"11·29"爆炸事故，致相邻的京沪高铁桥接触网断电，多趟列车晚点，部分列车停运。据调查，发生爆炸事故的厂房离京沪高铁桥仅50 m左右，不符合《铁路安全管理条例》的相关规定。为此，《意见》要求铁路沿线生产经营单位的规划与建设要严格执行相关法律、法规和标准，并严控安全防护距离。

（二）严格重点行业领域安全准入

主要涉及 3 个方面的具体要求：

一是合理确定企业准入门槛。近些年，重点行业领域因安全生产行政审批把关不严，直接或间接导致事故发生的案例屡见不鲜。如天津港"8·12"瑞海公司危险品仓库特别重大火灾爆炸事故调查报告显示，有关部门在明知瑞海公司未取得法定审批许可手续，仍批准瑞海公司从事港口危险货物经营，明知其危险货物堆场改造项目未批先建，仍批准其验收通过，埋下了重大隐患。事故血的教训极其深刻，必须牢记，确保安全准入标准不降低。为此，《意见》要求各地区要明确高危行业领域企业安全准入条件。为明确规范高危行业领域可使用生产原料的范围，上海等地已根据本地实际情况，建立了《禁止、限制和控制危险化学品目录》并颁布实施。《意见》也鼓励各地根据实际制定本地区危险化学品、烟花爆竹和矿山等"禁限控"目录并严格执行。

二是完善建设项目安全设施和职业病防护设施"三同时"制度。《安全生产法》《职业病防治法》等法律法规对安全生产设施和职业病防护设施明确提出了"三同时"制度。特别是对劳动者安全健康和社会危害较大的矿山、危险化学品生产、储存企业，以及发生事故损失大、社会影响大的重点建设项目等，必须严格落实"三同时"的有关规定，特别强调一旦发生事故，将依法予以处罚。在实际工作中，应进一步完善"三同时"管理规定，突出重点，加大监督检查力度，严格审查验收程序，确保从源头上不留安全隐患。

三是严格审批重点行业领域建设项目。近年来，我国安全生产事故总量呈下降趋势，但煤矿、危险化学品、烟花爆竹等仍是事故频发的重点行业。为遏制重特大事故，应从源头上严格按照法律法规及相关标准要求，从严审批这些行业领域的建设项目。如《关于进一步加强煤矿安全生产工作的意见》（国办发〔2013〕99 号）《关于煤炭行业化解过剩产能实现脱困发展的意见》（国发〔2016〕7 号）、《2016 年能源工作指导意见》等都对煤矿项目均提要从严审批要求。《危险化学品建设项目安全许可实施办法》对新建、改建、扩建危险化学品生产、储存装置和设施项目，进行建设项目安全审查。根据相关规定，《意见》要求高危项目审批必须把安全生产作为前置条件，严格规范矿山、危险化学品"两重点一重大"及烟花爆竹建设项目前期工作阶段部门的联合审批制度。

（三）强化生产工艺、技术、设备和材料安全准入

这里涉及 5 个方面的具体要求：

一是加快淘汰退出落后产能。国家"十三五"规划纲要提出要加快钢铁、煤炭等行业过剩产能退出。2016 年中央经济会议强调要着力加强供给侧结构性改革。经济发展方式的转变和产业结构的调整优化为安全生产工作提供了有利条件。通过化解过剩产能，促进产业结构调整优化，推动安全生产再上新台阶。《意见》提出对于《产业结构调整目录（2011 年本）（修正）》中设定的淘汰类工业技术与装备的产能，要严格按照规定时限或计划进行淘汰，加快更新淘汰落后生产工艺技术装备和产品目录，并完善矿山、危险化学品、烟花爆竹等生产企业退出转产扶持奖励政策，为安全生产工作奠定良好基础。

二是加快完善强制性工艺技术装备材料安全标准。目前我国安全生产相关标准已达 1500 多项，但强制性国家标准数量偏少，部分标准的标龄过长，标准规定尺度不一，关键标准缺失，新产品、新工艺、新业态标准制定滞后等问题突出。按照《国务院关于印发深化标准化工作改革方案的通知》（国发〔2015〕13 号）要求，必须加快安全生产标准的制定修订和整合。《意见》强调要及时制修订并公布相关工艺技术装备强制性安全标准，鼓励制定新产品、新工艺、新业态的安全生产和职业健康技术地方、行业、企业标准。

三是加强关键技术工艺设备材料安全保障。海因里希事故致因理论认为，事故的直接原因是物的不安全状态和人的不安全行为。企业有关

部门应从工程设计、设备制造、原材料采购、建设施工等各个环节严格把关，严禁不合格设备、配件、材料等进入生产装置，严防新上项目出现"先天性"不足。同时还应坚持对设备的更新改造，提升安全技术水平，并对设备进行定时检验检测，以便及时有效地消除设备运行过程中的不安全因素。贯彻落实《意见》，要求督促生产经营单位认真落实企业主体责任，加大关键技术工艺设备材料科技投入，提升安全保障水平，为实现安全生产管理关口前移打下坚实的基础。

四是提升交通运输和渔业船舶安全技术标准。公安部门统计资料显示，近年来发生的导致 10 人以上死亡的重特大交通事故，运输里程在 1000 公里以上的超长途客运车辆事故和危险化学品运输车辆占了很大比例。如 2014 年 3 月 1 日晋济高速岩后隧道发生特别重大交通事故，导致甲醇泄漏燃烧引起爆炸，造成 31 人死亡、9 人失踪和 42 辆车不同程度损毁；滨保高速天津"10·7"特别重大道路交通事故造成 35 人死亡、19 人受伤，人员伤亡和财产损失惨重。事故调查发现，事发时肇事车辆都不同程度存在安全技术或安全配置标准不高的状况。国家对大客车等车辆的一些安全标准仅仅是推荐规定，而非强制规定。鉴于此，《意见》提出要提高大型客车、旅游客车和危险货物运输车辆制造安全技术标准及安全配置标准，强力推动企业采取防碰撞、防油料泄漏新技术。客船、渔船的安全性能与大型客车、旅游客车同样关乎交通秩序及乘客的人身财产安全。《意见》强调要提高客船建造、逃生等相关安全技术标准；严格渔船检验制度，推进渔船标准化改造工作，推动海洋渔船（含远洋渔船）配备安全通导设备。

五是强制淘汰不符合安全标准的工艺技术装备和材料。2010 年工信部发布的《部分工业行业淘汰落后生产工艺装备和产品指导目录》详细列举了钢铁、有色金属、化工等行业领域淘汰落后生产工业装备和产品。贯彻《意见》，要求各相关部门认真调查行业领域情况，积极推动淘汰落后生产工艺装备和产品指导目录制定和更新工作的落实、以推动安全工业设备和材料隐患重大、职业病危害严重企业转型升级和淘汰退出。

（四）建立特殊场所安全管控制度

这里涉及两个方面的具体要求：

一是科学合理控制高风险和劳动密集型作业场所人员数量。在高风险作业场所从事作业的人员越多，风险点也就越多，发生事故的概率也就越大。如2013年吉林宝源丰禽业有限公司"6·3"氨气泄漏特别重大火灾事故，造成121名员工死亡、76名员工受伤。这起事故暴露出作业场所人员过于密集和逃生通道不畅带来的安全问题，加剧了人员的大量伤亡。基于风险概率考虑，《意见》提出要强化人员数量管控和人员密集场所风险管控，严格控制单位空间作业人数，推进机器人和智能成套装备在工业炸药、工业雷管、剧毒化学品生产过程中的应用。

二是严格管控人员密集场所人流密度。近年来，大型群众性文体娱乐活动日益增多，活动呈现出规模大、范围广、场所复杂的特点。若管控不当，极易发生群死群伤事件。2004年2月5日，北京密云密虹公园举办的迎春灯展发生特别重大踩踏事故，造成37人死亡。为吸取事故惨痛教训，《意见》要求相关部门严格审批、管控大型群众性活动，建立大型经营性活动备案制度和人员密集型作业场所安全预警制度，加强实时监测，严格控制人流密度。建立健全人员密集场所人流应急预案和管控疏导方案，严防人员拥挤、踩踏事故发生。

（五）完善从业人员安全素质准入制度

这里涉及两个方面的具体要求：

一是提高高危行业领域从业人员安全素质准入条件。《安全生产法》规定：生产经营单位的主要负责人和安全生产管理人员必须具备与本单位所从事的生产经营活动相应的安全生产知识和管理能力。生产经营单位的特种作业人员必须按照国家有关规定经专门的安全作业培训，取得相应资格，方可上岗作业。为此，《意见》明确提出高危行业领域企业负责人、安全管理人员和特种作业人员的安全素质要求。考虑到当前全国地域经济发展水平、人力资源分布、从业人员的文化程度和专业素质等因素差异性较大，《意见》没有一刀切地就上述人员的安全准入和安全素质提出具体要求。各地可根据各地实际，明确高危行业领域相关人员的安全素质要求。同时，根据《安全生产法》规定和《关于推进安全生产领域改革发展的意见》要求，《意见》对被追究刑事责任的生产经营者依法实施相应的职业禁入，对事故负有重大责任的社会服务机构和人员依法实施相应的行业禁入。"两个禁入"有助于提高企业和个人的违法成本，强化责任落实。针对外协单位安全管理不规范等问题，《意见》要求企业认真履行安全生产主体责任，严格审查外协单位从业人员安全资质。

二是提升重点行业领域关键岗位人员职业安全技能。企业关键岗位人员职业安全技能的高低直接影响企业安全生产水平。《意见》提出督促企业建立健全煤矿、非煤矿山、危险化学品等 13 个重点行业领域关键岗位人员入职安全培训、警示教育、继续教育和考核制度。针对当前客货运车辆驾驶员职业所要求的条件偏低、培训不到位、处置突发事件能力偏弱等现实情况，《意见》要求完善客货运车辆驾驶员职业要求，改革大中型客货车驾驶人职业培训考试机制，进一步加大客货运驾驶员业务知识、操作技能和处置突发事件等方面的培训。

三、协同推进，确保《意见》落实到位

加强安全生产源头管控和安全准入工作涉及多行业、多部门、需要各方共同推进落实。

一是加强统筹协调。国家安全监管总局将推动把安全生产源头管控和安全准入工作纳入地方政府及相关部门安全生产目标考核内容，加强考核奖惩。地方人民政府安委会要主动作为，结合实际提出贯彻落实《意见》的具体方案，协调各方，着力解决跨部门、跨行业的问题。

二是加强改革创新。结合贯彻实施《中共中央　国务院关于推进安全生产领域改革发展的意见》，以问题为导向，加强安全生产监管体制机制的改革创新，加强源头管控和安全预防工作，把握主动权。

三是加强法规制度建设。加快涉及安全生产源头管控和安全准入方面法律法规和行政规章的制修订工作，加快涉及安全生产源头管控和安全准入方面法律法规和行政规章的废改立工作，实现用制度管人、管事。

四是加强督促检查。各地区、各相关部门要按照责任清单和时间表，定期检查，对工作不力、落实不到位的，要通报批评、严肃问责。

五是加强舆论引导。各地区、各相关部门要充分利用报纸、电视、网络、微信等媒体，采取设立专栏、访谈等多种方式，集中报道、广泛宣传《意见》的精神实质和各地贯彻落实的经验做法，推动学习贯彻不断深入。

《关于全面加强企业全员安全生产责任制工作的通知》解读

近日，国务院安委会办公室印发《关于全面加强企业全员安全生产责任制工作的通知》（安委办〔2017〕29号，以下简称《通知》），对建立健全企业全员安全责任制、夯实企业安全生产主体责任、提升企业安全生产管理水平等作出全面部署和明确要求。

一、《通知》出台的必要性

（一）《通知》是贯彻落实《中共中央　国务院关于推进安全生产领域改革发展的意见》有关要求的具体措施

《中共中央　国务院关于推进安全生产领域改革发展的意见》是新中国成立后，第一次以中共中央、国务院名义印发的安全生产方面的文件，是当前和今后一个时期指导我国安全生产工作的行动纲领。其中，第二部分"健全落实安全生产责任制"中明确提出："要严格落实企业主体责任。企业实行全员安全生产责任制度，法定代表人和实际控制人同为第一责任人，主要技术负责人负有安全生产技术决策和指挥权，强化部门安全生产职责，落实一岗双责"。为贯彻落实中央文件精神，《通知》对企业如何建立健全全员安全生产责任制、负有安全生产监督管理职责的部门如何指导督促、整体推动企业全员安全生产责任制提出了明确要求，为企业实行全员安全生产责任制度提供了重要指导。

（二）《通知》是坚持目标导向和问题导向的有机统一体

到2020年，我国将实现全面建成小康社会的目标。安全生产工作要实现与全面建成小康社会相适应，必须全力控制生产安全事故总量，全力遏制重特大事故的频繁发生，使广大人民群众切实感受到安全生产环境的改善和安全感的提高。为此，必须牢牢扭住安全生产企业主体责任这个"牛鼻子"，将责任体系进一步明确到每个岗位、每个人，实现全员安全生产责任制，才能真正实现责任制的作用，从根本上防止和减少生产安全事故。

统计表明，90%的生产安全事故都是由企业违法违规生产经营建设所致。其中，因安全生产责任落实不到位引发的生产安全事故又占到了相当大的比例。如2016年发生的江西丰城发电厂"11·24"坍塌特别重大事故，调查报告显示，事故责任单位河北亿能公司未建立安全生产"一岗双责"责任体系，安全教育培训不扎实，安全技术交底不认真，未组织全员交底；中南电力设计院管理层安全生产意识薄弱，安全生产管理机制不健全，部分管理人员无证上岗；丰城三期发电厂工程建设指挥部成员无明确分工，也未对有关部门和人员确定工作职责。上述问题或隐患都属于安全生产责任制落实不到位的范畴。事故血的教训必须牢牢记取，必须建立健全涵盖本企业领导岗位、全部职能部门和所有管理及操作岗位的安全生产责任制，制定全员安全生产责任清单，明确各岗位的责任人员、责任范围、考核标准、奖惩办法等内容，建立健全安全生产责任体系，夯实安全生产基础，防范和遏制重特大事故发生。

（三）《通知》是推动企业落实主体责任的有力抓手

企业是生产的主体、内因和根本，企业的安全生产状况关系到安全生产大局，安全生产整体水平的提升出发点和落脚点也都在企业。安全生产工作能否长治久安，关键看安全生产主体责任能否落实到位。企业安全生产主体责任是国家有关安全生产的法律、法规要求企业在安全生产保障方面应当执行的有关规定、应当履行的工作职责、应当具备的安全生产条件、应当执行的行业标准、应当承担的法律责任。落实企业主体责任，需要夯实从主要负责人到基层一线员工的安全责任，建立健全员安全责任制。只有明确责任体系划分，真正建立安全生产工作"层层负责、人人有责、各负其责"的工作体系并实现有效运转，才能真正解决好安全责任传递"上热、中温、下凉"问题，才能从源头上减少一线从业人员三违现象，从而有效降低因人的不安全行为方面造成的生产安全事故的发生，维护好广大从业人员的生命安全和职业健康。

二、突出工作重点，明确两方面的工作任务

《通知》紧紧围绕全员安全生产责任制，明确了企业在建立健全企业全员安全生产责任制方面的主体责任和负有安全生产监督管理职责部门在监督检查方面的工作任务。

（一）企业要依法依规制定完善全员安全生产责任制

一是明确了企业主要负责人负责建立、健全企业的全员安全生产责任制。这里的主要负责人，按照《中共中央　国务院关于推进安全生产领域改革发展的意见》中的要求，既包括法定代表人，又包括实际控制人，二者同为安全生产第一责任人。由于企业主要负责人在企业中处于决策者和领导者的地位，能够调动各方资源，协调各方关系，而全员安全生产责任制涉及生产经营单位的各个岗位和全体人员，需要进行统一部署和推动。因此，抓住了生产经营单位的主要负责人，就抓住了问题的核心和关键。

二是提出了制定完善全员安全生产责任制的标准。即企业要按照《安全生产法》《职业病防治法》等法律法规规定，参照《企业安全生产标准化基本规范》（GB/T 33000—2016）和《企业安全生产责任体系五落实五到位规定》（安监总办〔2015〕27号）等有关要求，结合企业自身实际，制定企业全员安全责任制。

三是明确了全员安全生产责任制的涵盖范围。企业要建立健全从主要负责人到一线从业人员（含劳务派遣人员、实习学生等）的安全生产责任、责任范围和考核标准。安全生产责任制应覆盖本企业所有组织和岗位,其责任内容、范围、考核标准要简明扼要、清晰明确、便于操作、适时更新。考虑到不少企业基层一线从业人员的实际,为便于操作,《通知》要求,针对企业一线从业人员的安全生产责任制,要力求通俗易懂。

四是提出了落实企业全员安全责任制的公示、教育培训和考核管理等配套措施的要求。

在公示方面,要求在合适的位置进行长期公示,公示的内容为:所有层级、所有岗位的安全生产责任、安全生产责任范围、安全生产责任考核标准等。公示的主要目的是让企业的每一名从业人员都清楚地知道自身在安全生产方面的责任、范围,真正做安全生产工作的"明白人",同时便于互相监督。

在教育培训方面,《通知》要求列入年度教育培训计划并明确专人负责教育培训工作,通过自行组织或委托具备培训条件的中介服务机构来实施。根据《安全培训机构基本条件》(AQ/T 8011—2016)标准要求,从事自主安全培训活动的生产经营单位需要具备"配备 3 名以上专职的安全培训管理人员;有健全的培训管理组织,能够开展培训需求调研、培训策划设计,有学员考核、培训登记、档案管理、过程控制、经费管理、后勤保障等制度,并建立相应工作台账;具有熟悉安全培训教学规律、掌握安全生产相关知识和技能的师资力量,专(兼)职师资应当在本专业领域具有 5 年以上的实践经验;具有完善的教学评估考核机制,确保培训有效实施;有固定、独立和相对集中并且能够满同时满足 60 人以上规模培训需要的教学及后勤保障设施"等 5 个方面的基本条件。不具备安全培训条件的生产经营单位,应当委托具有安全培训条件的机构对从业人员进行安全培训。但需要注意的是,生产经营单位委托其他机构进行安全培训的,保证安全培训的责任仍由本单位负责(《安全生产培训管理办法》,国家安全生产监督管理总局令第 44 号)。

在考核管理方面,要求企业对全员安全责任制落实情况进行考核管理，通过建章立制、完善绩效考核等方式将全员安全责任制落到实处，不断激发全员参与安全生产工作的积极性和创造性，同时为营造良好的安全文化氛围打下良好的基础。

（二）负有安全生产监督管理职责的部门要加强对企业全员安全生产责任制的监督检查

一是明确了相关部门对企业全员安全生产责任制监督检查的主要内容。按照"管行业必须管安全、管业务必须管安全、管生产经营必须管安全"和"谁主管、谁负责"的要求，地方各级负有安全生产监督管理职责的部门要重点加强对企业建立安全生产全员责任制情况、公示情况、教育培训情况、考核情况4个方面的内容进行重点检查。

二是强化监督检查和依法处罚。要求地方各级负有安全生产监督管理职责的部门要把企业建立和落实全员安全生产责任制情况纳入年度执法计划，按计划进行检查。考虑到《通知》中不能设立行政处罚，对于企业落实全员安全生产责任制不力的问题，相关职能部门可依照《安全生产法》《职业病防治法》等相关法律法规予以处罚。同时，加强信用惩戒力度，对因拒不落实企业全员安全生产责任制而造成严重后果的，要纳入安全生产"黑名单"进行管理和联合惩戒。

三、加强工作保障，确保《通知》落到实处

为增强企业全员安全生产责任制的实施效果，《通知》提出了3个方面的工作要求：

一是加强分类指导。《通知》提出要发挥地方各级安全生产委员会及其办公室指导督促作用，推动相关行业领域的企业结合实际制定全员安全责任制。

二是注重典型引路。国务院安委会办公室将根据全员安全责任制的实施情况，适时遴选一批典型经验在全国进行推广。鼓励地方各级安委会通过典型引领、对标整改等方式，整体推动企业全员安全责任制落到

实处。

三是营造氛围。《通知》要求各级负有安全生产监督管理职责部门要进一步强化宣传力度，共青团妇等部门要积极参与，强化监督，形成工作合力，营造从"要我安全"到"我要安全""我会安全"良好的安全舆论氛围，促进企业进一步提升安全生产管理水平。

《安全生产年度监督检查计划 编制办法》解读

日前，国家安全监管总局修订印发了《安全生产年度监督检查计划编制办法》（以下简称《办法》）。《办法》共5章、22条，明确了安全生产年度监督检查计划的编制原则、主要内容及批准、备案等要求。《办法》自印发之日起施行，2010年10月29日印发的《安全生产监管年度执法工作计划编制办法》同时废止。

一、修订的背景

2009年，国家安全监管总局在全系统推行安全生产监管年度执法计划制度，并于2010年10月29日印发了《安全生产监管年度执法工作计划编制办法》。多年来，年度执法计划对解决安全生产行业领域广、生产经营单位多与监管力量不足的突出问题，促进安全监管部门依法履职、科学履职发挥了重要作用。2014年修改的《安全生产法》第五十九条明确规定："安全生产监督管理部门应当按照分类分级监督管理的要求，制定安全生产年度监督检查计划，并按照年度监督检查计划进行监督检查，发现事故隐患，应当及时处理。"为贯彻落实《安全生产法》的规定，有必要对《安全生产监管年度执法工作计划编制办法》进行修订，规范安全生产年度监督检查计划编制工作，确保安全监管部门全面依法履行安全生产监督管理职责。

二、修订的总体考虑

2010 年印发的《安全生产监管年度执法工作计划编制办法》涵盖了安全监管部门的全部执法活动，既包括监督检查，也包括实施行政许可、组织事故调查、开展宣传教育等。现在的《办法》以监督检查作为年度计划基本内容，其他执法活动不再列入年度计划。《办法》所称的监督检查，是指安全监管部门按照职责分工，对生产经营单位遵守安全生产、职业健康的法律、法规、规章以及国家标准、行业标准的情况进行监督检查，依法采取现场处理、行政强制、行政处罚等措施的行政执法行为。采取这样的修订思路，主要出于 3 点考虑：一是与《安全生产法》第五十九条关于安全监管部门"按照年度监督检查计划进行监督检查，发现事故隐患，应当及时处理"的规定相一致；二是指导各级安全监管部门突出重点，全面正确履行对生产经营单位的监督检查职责；三是进一步明确年度监督检查计划的编制原则、考量因素及主要内容等，便于社会公众了解、支持和监督安全生产监督检查工作。

三、修订的主要内容

（1）适用范围。地方各级安全监管部门编制安全生产年度监督检查计划，适用《办法》；安全监管部门所属行政执法机构（执法总队、支队、大队等）的年度监督检查计划，纳入本部门年度监督检查计划统一编制。根据有关人民政府依法决定或者根据安全监管部门依法委托开展安全生产监督检查的，参照《办法》相关规定执行。

（2）编制原则及工作日测算。为贯彻落实《安全生产法》的规定，《办法》将年度监督检查计划的编制原则由"统筹兼顾、突出重点、量力而行、提高效能"修改为"统筹兼顾、分类分级、突出重点、提高效能、留有余地"。《办法》进一步明确了各类工作日的测算。监督检查工作日是编制年度监督检查计划的基础，其具体量化为总法定工作日减去其他执法工作日、非执法工作日的余额。总法定工作日，是本部门行政执法人员和国家法定工作日总数的乘积。其他执法工作日，是开展安全生产综合监管、实施行政许可、组织事故调查等所占用的工作日。非执法工作日，是机关值班等工作所占用的工作日。其他执法工作日、非执法工作日按照前3个年度的平均值测算。

（3）年度监督检查计划的内容。一是明确了年度监督检查计划包括重点检查、一般检查两个部分，其中重点检查的比例一般不低于60%。二是明确重点检查是指对重点检查单位开展的监督检查。重点检查单位主要有7类：安全生产和职业病危害风险等级较高的单位，近3年发生过人员死亡事故或者群发性职业病危害事件的单位，纳入安全生产失信行为联合惩戒对象的单位，发现存在重大事故隐患的单位，发现存在作业岗位职业病危害因素的强度或者浓度严重超标的单位，试生产或者复工复产的生产经营单位，其他重点检查单位。对重点检查单位每年至少进行1次监督检查。三是明确一般检查的范围，主要包括对重点检查单位以外的单位开展的监督检查、对下级安全监管部门负责监督检查的单位开展抽查。

（4）推行"双随机"抽查。为贯彻落实国务院关于随机抽查的安排部署，《办法》明确：安全监管部门应当采用"双随机"抽查方式（随机选取被检查单位、随机确定监督检查人员），组织实施年度监督检查计划的一般检查，因监督检查人员数量、专业等限制难以实施"双随机"抽查的，应当随机选取被检查单位；组织实施年度监督检查计划的重点检查时，应当结合实际情况随机确定监督检查人员。

（5）批准和备案。一是明确年度监督检查计划应当报本级政府批准，并报上一级安全监管部门备案。二是明确了需重新履行报批、备案的情形，包括：重点检查单位减少幅度超过计划10%、重点检查单位的范围作出变更，监督检查单位的数量总体减少幅度超过计划20%等。

四、认真贯彻执行《办法》

各地安全监管部门要结合本地区本部门实际情况，认真做好《办法》的贯彻执行工作，明确指定一个内设机构负责编制年度监督检查计划，各内设执法机构、专门执法机构提出具体年度监督检查计划，由负责编制年度监督检查计划的机构统一审核编制。在编制和执行年度监督检查计划时，要把握好、处理好以下3个关系。

一是按计划执法与分级执法的关系。各省级安全监管部门要积极推进分级执法，省、市、县三级安全监管部门各负其责、各有侧重。年度监督检查计划要切实体现分级执法要求，上下级安全监管部门的年度监督检查计划要互相衔接，避免重复性监督检查或者监督检查缺位。

二是重点检查与"双随机抽查"的关系。年度监督检查计划包括重点检查、一般检查两个部分，都是安全监管部门对生产经营单位主动开展的执法活动。要按照《办法》规定合理确定重点检查单位范围，对重点检查单位实行年度监督检查"全覆盖"，因本部门执法力量难以实现"覆盖的"，应当作出说明。对重点企业以外的一般企业，积极推行"双随机"抽查。要不断扩大"双随机"抽查涵盖的行业领域及企业范围，发挥"双随机"抽查对各个行业领域、各种规模类型企业的执法震慑作用。在开展监督检查时，无论是重点检查还是一般检查，都要结合企业特点及相关行业领域事故发生规律，有针对性地确定具体的监督检查事项，突出重点问题及关键环节，减少或避免不分轻重主次的"全面检查"。

三是年度监督检查计划与安全生产大检查的关系。按照上级有关部署开展安全大检查时，年度监督检查计划的有关安排要与安全生产大检查的有关安排进行有效衔接，根据需要适当调整年度监督检查计划。需对年度监督检查计划作重大调整的，按规定履行批准、备案程序。

《关于加强基层安全生产网格化监管工作的指导意见》解读

近日，国务院安委会办公室印发《关于加强基层安全生产网格化监管工作的指导意见》（以下简称《指导意见》），要求各省级相关单位和国务院安委会有关成员单位贯彻落实《中共中央　国务院关于推进安全生产领域改革发展的意见》《中共中央　国务院关于加强和完善城乡社区治理的意见》和《国务院办公厅关于加强安全生产监管执法的通知》等文件精神，推动实施加强基层安全生产网格化监管工作，全面提升基层安全生产监管的精细化、信息化和社会化水平。

一、《指导意见》出台的必要性

一是破解"最后一公里"安全监管难题的有效手段。当前，现有安全监管的范围有限、力量薄弱的问题较为突出，在监管范畴内，仍然存在着不少盲区和短板。推动安全生产监管体系延伸到最底层，协助打通安全生产监管"最后一公里"问题，必须坚持重心下沉、关口前移，必须提升安全生产监管的精细化、信息化和社会化水平。借助网格化监管的方式，通过发挥网格员的信息员和宣传员的作用，有利于实现对安全生产工作的动态监管和前期处理，进一步延伸安全监管范围。

二是提高全社会安全生产综合治理能力的重要举措。做好安全生产工作是一项系统工程，离不开社会力量的积极参与。《安全生产"十三五"规划》提出要不断提升安全生产社会共治的能力与水平，完善"党政统一领导、部门依法监管、企业全面负责、群众参与监督、全社会广泛支持"的安全生产工作格局。在这一格局中，群众参与度和社会支持度对安全生产工作的重要性不言而喻。推行网格化监管工作，充分发挥网格员的"纽带"作用，搭建企业和政府监管部门沟通的桥梁，能够进一步利用好社会力量参与安全生产工作，有利于构建全覆盖、齐抓共管的安全生产监管工作氛围，提高全社会安全生产综合治理水平。

三是提高安全监管效能的有力抓手。安全监管效能的提升离不开强有力的安全监管执法。安全生产监管执法的信息来源既包括执法机关年度安全生产监督检查计划、上级机关交办、下级部门报请、相关部门移送的案件、涉及生产安全事故的执法活动，又包括安全生产的举报和投诉。作为信息员，网格员根据《网格手册》的要求，通过重点面向基层企业、"三小场所"（小商铺、小作坊、小娱乐场所）、家庭户等查看非法生产情况并及时报告，能够为安全监管精准执法提供有效信息，助推安全监管执法效能的提升。

二、《指导意见》的框架结构

《指导意见》总体框架分为 3 个部分：

第一部分主要着眼于认识问题，讲清"为什么做"。从缓解基层监管任务和监管力量不匹配、协助打通安全生产监管"最后一公里"，提升全社会安全生产综合治理能力、构建齐抓共管的安全生产监管工作格局等角度，阐述了实施安全生产网格化监管工作的重要意义，提出了加强安全生产网格化监管工作的原则性目标。

第二部分主要着眼于方向性问题，明确了安全生产网格化监管的功能定位、划分原则以及属地监管、基层安全生产网格化工作相关部门和网格员的工作任务。

第三部分主要着眼于保障性问题，强调从组织领导、加强网格员待遇保障、强化业务培训、建立常态化运行和考核机制、加强信息化建设、典型引路以及推动社会力量参与等方面为安全生产网格化监管工作顺利推进提供保障。

三、《指导意见》明确的工作目标、功能定位和如何"织网"问题

（一）网格化监管工作的目标

《国务院办公厅关于加强安全生产监管执法的通知》（国办发〔2015〕20 号）提出："推行安全生产网格化动态监管机制，力争用 3 年左右时间覆盖到所有生产经营单位和乡村、社区"。为了与国务院文件保持一致，《指导意见》将目标设定在了 2018 年底，要求初步建成运行高效、覆盖所有乡镇（街道）、村（社区）和监督管理对象的基层安全生产网格化监管体系。

（二）网格化监管的功能定位

一是网格化监管的主体仍然是负有安全生产监督管理职责的部门。通过厘清单元内每个监督管理对象负有安全生产监督管理职责的部门，明确单元内每个监督管理对象对应的安全生产网格管理员，负有安全生产监督管理职责的部门与网格员间的互联互通、互为补充、有机结合。二是现有安全生产监管工作的延伸。通过发挥网格员的"信息员"和"宣传员"等作用，便于协助负有安全生产监督管理职责的部门实现对基层安全生产工作的动态监管、源头治理和前期处理。

（三）关于如何"织网"的问题

第一，最大限度利用既有网格，做好融合工作。《中共中央 国务院关于加强和完善城乡社区治理的意见》提出："依托社区综治中心，拓展网格化服务管理"和"促进基层群众自治与网格化服务管理有效衔接"的工作要求。《安全生产法》第七十二条规定："居民委员会、村民委员会发现其所在区域内的生产经营单位存在事故隐患或者安全生产违法行为时，应当向当地人民政府或者有关部门报告"。在此基础上，《意见》提出要最大限度协调利用社会管理综合治理网格或其他既有网格资源，积极推动安全生产网格与既有网格资源在队伍建设、工作

机制、工作绩效、信息平台等方面的融合对接。注重发挥居民委员会、村民委员会等基层群众自治组织在发现生产经营单位事故隐患或安全违法行为中的作用。依托既有网格，一方面可避免重新建网带来的浪费；另一方面可以借助既有网格的资源，更好地服务安全生产工作，形成工作合力。

第二，详细分析监管任务，做好匹配工作。目前，我国区域经济发展不平衡现象仍然较为突出，东中西部经济差异性较大。东部沿海的一些城市在拥有的企业数量、企业规模方面，要远远超过中部和西部的部分城市。具体到某个城市内部而言，各个区县、各个乡镇的情况又是千差万别。因此，就网格化监管而言，必须突出差异性，认真做好监管任务的分析工作，合理匹配监管任务和监管力量。《意见》提出，经济规模大或生产经营单位多的乡镇（街道）、村（社区），可划分为多个网格；工业、商贸聚集区域也可划分为独立网格；对于规模大、规格高、安全风险高或与基层监管力量不匹配的生产经营单位，可由县级以上负有安全生产监督管理职责的部门直接监管，不纳入基层安全生产网格化监管的范围。根据网格内生产经营单位的性质、生产过程中的危险性，以及生产经营规模、重要程度、监管重点等情况，可适度调整网格员的分布，使网格员的配备与当地安全生产监管任务相适应。这样做的目的，就是使监管任务与监管人员的比例相互协调、相互匹配，避免短板效应。

第三，合理划分网格，做好统筹工作。《安全生产法》第八条规定"县级以上地方人民政府应当加强对安全生产工作的领导……及时协调、解决安全生产监督管理中存在的重大问题"，明确了县级以上地方人民政府在安全生产工作中的职责。《指导意见》明确了属地（政府）4方面的工作任务：一是总体部署，要求明确牵头部门、配合部门和实施方案；二是界定网格员与基层安监部门、乡镇安监站等的关系，明晰边界，防止后续工作中出现责任不清甚至推诿扯皮问题；三是统筹解决人员、经费问题；四是加强信息化建设，为网格化监管提供重要保障。

第四，明确责任分工，形成工作合力。一是明确了网格化监管工作牵头部门的工作任务，包括制定实施方案，对网格员上报的信息汇总和分类处置以及协调解决棘手问题3方面的工作任务。二是明确了配合部门的工作任务，包括确定专人配合实施方案的编写、依照职责对上报的情况进行处置、配合牵头部门做好其他方面的工作3方面的工作任务。三是明确了网格员的工作任务。《指导意见》将网格员的定位界定为"信息员"和"宣传员"。因此，网格员的工作任务围绕这两个定位来展开：作为"信息员"，网格员要承担重点面向基层企业、"三小场所"（小商铺、小作坊、小娱乐场所）、家庭户等查看非法生产情况并及时报告；协助配合有关部门做好安全检查和执法工作；向监督管理对象送达最新的文件资料等工作任务。作为"宣传员"，网格员要面向监督管理对象和社会公众积极宣传安全生产法律法规和安全生产知识。至于网格员其他方面的工作任务，《指导意见》将更多的自主权留给了各地，由各地区结合各自实际，根据工作需要确定。

四、多措并举，确保《指导意见》落到实处

一是在组织领导方面，《指导意见》明确由各地安委会加强对网格化监管工作的组织领导。因该项工作涉及面广，任务量大，时间紧迫，需要安委会主要负责同志亲自抓、分管负责同志具体抓、牵头部门和配合部门共同抓，才能达到既定目标任务。考虑到在《指导意见》印发前，全国已经有不少地区开展了此项工作，因此，《指导意见》要求各地因地制宜，对已开展的和未开展的地区采取不同的措施，但最终都要在规定时间节点内建成网格化监管体系，实现基层安全生产网格化监管工作的规范化和长效化发展。

二是关于网格员待遇保障。《指导意见》规定由各地根据经济发展水平和网格员任务量情况，统筹考虑网格员的待遇和防护用品的配备情

况，实现"责权利"的统一。

三是要加强业务培训和考核。各地区要对网格员要做好岗前培训和岗中培训，注重培训效果，使网格员由"外行人"逐步过渡为"内行人"，善于发现问题和上报问题的能力得到持续提升。同时，为增强实施效果，《指导意见》要求牵头部门制定配套考核管理制度，加强考核和管理，推动网格化监管工作的常态化。

四是要突出信息化手段的运用。网格化监管要充分利用信息化手段，推动信息采集、事件派送交办、现场处置、结果反馈等一系列工作的信息化和智能化水平，提高工作效率。同时要衔接既有的风险点、危险源排查管控和隐患排查治理等信息系统，实现有机对接，提升工作成效。

五是要推动社会参与。可通过政府购买服务等方式，借助第三方安全生产专业技术服务机构的专业优势，开展安全生产网格化建设工作。通过"12350"举报平台等方式，鼓励社会公众对安全隐患、非法违法行为、生产安全事故等进行举报，充分利用社会资源，构建群防群治的工作格局。

《关于开展非煤矿山安全生产专项整治工作的通知》解读

一、文件出台背景

2010 年以来，非煤矿山领域共发生重大事故 10 起、死亡 135 人。重特大事故对党和政府形象、对人民群众的安全感造成巨大冲击。今年1—3 月份，全国非煤矿山领域共发生事故 82 起、死亡 102 人，同比分别增加 15.5% 和 32.5%，其中较大事故 4 起、死亡 20 人，去年同期未发生较大事故，非煤矿山安全生产形势十分严峻。

党中央国务院高度重视安全生产工作，党的十八大、十八届三中、五中全会、全国两会、中央经济工作会等重要会议和《中共中央 国务院关于推进安全生产领域改革发展的意见》等重要文件，都对遏制重特大事故作出决策部署。为深入贯彻落实党中央国务院系列决策部署和重要指示精神，进一步提高非煤矿山安全保障能力，有效防范遏制非煤矿山生产安全事故特别是重特大事故发生，国家安全监管总局印发了《关于开展非煤矿山安全生产专项整治工作的通知》（安监总管一〔2017〕28 号，以下简称《通知》），决定在全国非煤矿山安全生产监管系统深入开展非煤矿山安全生产专项整治工作。

二、专项整治的主要内容

本次专项整治工作紧紧围绕全面遏制重特大事故发生这一目标，牢牢把握非煤矿山重特大事故发生的规律，以易引发较大及以上事故发生的薄弱环节为突破口，坚持目标导向和问题导向，强化源头管控，突出企业主体责任，以严格监管执法为推动力，推动非煤矿山安全生产形势持续稳定好转。主要包括6个方面内容：一是整治违法违规建设和生产行为；二是整治尾矿库"头顶库"和采空区事故隐患；三是整治六类重点事故隐患；四是推动矿山整合技改和整顿升级；五是对长期停产停建矿山的依法监管；六是对与煤共（伴）生矿山的依法监管。

（一）着力整治违法违规建设和生产行为

2001年以来全国非煤矿山共发生40起重特大事故，其中非法违法生产经营建设导致的重特大事故共26起、死亡855人，事故起数和死亡人数均占总数的65%。非法违法行为主要表现在：一是违反矿山建设项目安全设施"三同时"规定。主要表现在无安全设施设计、基建期间擅自投入采矿生产、不按批准的安全设施设计开采，乱采滥挖。二是非法盗采、超层越界开采、以采代探。特别是在部分地区，一个矿体多个开采主体相互争抢资源，井下互相贯通，一矿出事故，多矿受冲击，导致事故扩大。

各地区要严格按照《安全生产法》、《非煤矿矿山企业安全生产许可证实施办法》（国家安全监管总局令第20号）和《建设项目安全设施"三同时"监督管理办法》（国家安全监管总局令第36号）等法律法规，加大对违法行为的处罚力度，对违法违规矿山采取停止供电、停止供应民用爆炸物品等强制措施，督促企业停产整顿，对经停产整顿仍不具备安全生产条件的，坚决依法提请地方政府予以关闭。对盗采、超层越界开采等涉及国土等其他部门的非法违法行为，要建立完善线索和案件移交机制，发现问题及时通报相关部门处理；要积极推动建立联合执法机制，协同推进相关工作。

（二）着力整治尾矿库"头顶库"和采空区事故隐患

据统计，截至2015年底，全国有"头顶库"1425座，下游居民43.4万人。其中，四、五等库占78.3%，这些小型"头顶库"防范事故能力弱、安全管理水平普遍不高，一旦发生险情，特别是发生溃坝时，将会对下游居民和设施造成巨大危害。2001年以来，全国发生的3起重特大尾矿库生产安全事故，均造成下游居民重大伤亡和财产损失。特别是2008年山西襄汾新塔矿业公司"9·8"特别重大尾矿库溃坝事故，造成281人死亡，社会影响极为恶劣。为有效防范和坚决遏制尾矿库"头顶库"重特大事故，2016年国家安全监管总局印发了《遏制尾矿库"头顶库"重特大事故工作方案》（安监总管一〔2016〕54号），要求2018年底前基本完成"头顶库"综合治理工作，推动"头顶库"全面实现安全生产。为突出重点，《通知》中提出两个方面的要求：一是摸清尾矿库"头顶库"安全生产状况，督促指导尾矿库企业选择隐患治理、升级改造、闭库及销库、尾矿综合利用和搬迁下游居民等方式开展综合治理，做到"一库一册"和"一库一策"。二是加快尾矿库"头顶库"事故隐患治理进度，积极推进生产运行的"头顶库"全部达到安全生产标准化三级以上水平，推动建立"头顶库"预警和应急救援联防联动机制，2017年底前全面消除"头顶库"中的病库。

采空区是诱发透水、坍塌等重特大事故的重要因素，2001年以来发生的40起重特大事故中，有9起和采空区有关，其中6起为保安矿柱受到破坏或采空区顶板受到破坏导致透水事故，3起为采空区大面积坍塌事故（均发生在石膏矿山，采矿方法为房柱法；没有正规设计、违规开采，采空区未及时进行处理）。据初步统计，到2015年底，全国金属非金属地下矿山共有采空区$12.8 \times 10^9 \, m^3$，分布于全国28个省（市、区）。目前，部分矿山企业忽视采空区治理，特别是历史遗留采空区得不到及时处理；一些中小型矿山专业技术力量薄弱，不按设计施工或无设计施工，矿柱留设不规范，造成采空区重叠、交错现象比较普遍。为推进金属非金属地下矿山采空区事故隐患综合治理工作，国务院安委办于2016年印发了《金属非金属地下矿山采空区事故隐患治理工作方案》（安委办〔2016〕4号），提出采用充填法、崩落法、封闭法和搬迁居民等方式进行综合治理，要求到2018年底基本摸清我国金属非金属地下矿山采空区规模和分布状况，基本完成历史上形成的、危险性大的金属非金属地下矿山采空区事故隐患治理任务。《通知》进一步细化了相关工作要求：一是各级安全监管部门要建立健全采空区基础档案，积极协调会同国土资源等部门，认真开展采空区排查摸底，全面细致摸清采空区规模、分布特征、稳定性状况等情况；二是在采空区调查摸底的基础上，要分轻重缓急、突出重点，明确治理重点区域、重点矿山，2017年会同有关部门重点完成治理石膏矿等非金属地下矿山采空区、大面积连片和总体积超过 1×10^6 m^3 的采空区和尾矿库"头顶库"下方的采空区事故隐患；三是积极推动地方政府及相关部门加大工作力度，切实履行采空区治理的监督管理主体责任；四是督促企业根据采空区的实际状况、开采技术条件，开展采空区事故隐患治理工程设计和综合治理工作；对无法及时治理的采空区要建立监测预警系统，发现问题及时处理，确保人员安全；五是源头控制，标本兼治，督促企业规范采空区日常管理，严格按照有关法律法规、标准和规范及时处理采空区，严防产生新的采空区事故隐患。

2016年，国家安全监管总局利用安全生产预防及应急专项资金对尾矿库"头顶库"综合治理和采空区事故隐患治理工作以"以奖代补"形式予以支持，2017年将继续安排专项资金予以支持。各有关地区、相关企业要严格按照财政部、国家安全监管总局联合下发的《关于印发〈安全生产预防及应急专项资金管理办法〉的通知》（财建〔2016〕280号）和《国家安全监管总局办公厅关于印发安全生产预防及应急专项资金项目管理实施细则和专项资金安排方案及职责分工的通知》（安监总厅财函〔2016〕81号）等文件要求，足额配套落实相应资金，严格专项资金的管理和使用，加强对专项资金支持项目的监督检查，确保专项治理工作取得实效。

（三）着力整治六类事故隐患

通过对 2001—2016 年非煤矿山较大以上事故统计分析发现，较大事故类型主要集中在坍塌（34.0%）、中毒和窒息（20.0%）、冒顶片帮（16.1%）、放炮（6.0%）、透水（3.8%）和火药爆炸（3.6%）6 类事故，占到了较大事故总量的 83.5%；40 起重特大事故中，发生透水和火灾各发生 9 起，坍塌 7 起，尾矿库溃坝、采空区冒顶和火药爆炸各发生 3 起，坠罐 2 起，中毒和窒息、井喷、车辆伤害、管道爆炸各发生 1 起。因此，严防中毒和窒息事故、火灾事故、透水事故、坠罐跑车事故、冒顶片帮事故和边坡坍塌事故六大类事故，是有效减少非煤矿山较大事故，遏制重特大事故发生，促进非煤矿山安全生产形势根本好转的关键。

2014 年，国家安全监管总局印发了《关于严防十类非煤矿山生产安全事故的通知》（安监总管一〔2014〕48 号），针对非煤矿山中毒窒息、火灾、透水、爆炸、坠罐跑车、冒顶坍塌、边坡垮塌、尾矿库溃坝、井喷失控和硫化氢中毒、重大海损 10 类事故提出了全面具体的防范措施，对减少非煤矿山事故起到了很好的推动作用。2016 年，国家安全监管总局印发了《非煤矿山领域遏制重特大事故工作方案》（安监总管一〔2016〕60 号），针对非煤矿山可能引发重特大事故的环节，强制推行 6 项重大风险防控措施。结合上述两个文件要求，《通知》强调了防范 6 类事故的关键措施。一是针对防范中毒窒息事故，要求为每一位入井人员配备自救器，为从事井下作业的每一个班组配备便携式气体检测报警仪，对未按照要求配备的，要立即责令停产整改。二是针对防范火灾事故，要求严格执行动火作业审批制度，确保动火作业人员安全培训到位，发生事故后严禁盲目施救，对检查发现的违规行为，要依法上限处罚。三是针对防范透水事故，要求严格落实"预测预报、有疑必探、先探后掘、先治后采"等水害防治制度；在水文地质条件中等及以上的地下矿山，配备超前探放水设备。四是针对防范坠罐跑车事故，要求加强提升运输设备操作人员安全培训，确保持证上岗；严格按规定对提升运输系统进行检测检验和日常维护保养；乘载人数 30 人及以上的提升罐笼必须将每半年一次的钢丝绳检验报告（平衡用钢丝绳和摩擦式提升机的提升用钢丝绳除外）和每年一次的提升系统检测报告报送安全监管部门。五是针对防范冒顶片帮事故，要求严格执行敲帮问顶制度；开采深度 800 m 及以上的地下矿山必须安装在线地压监测系统；要严格按照设计开采，及时处理采空区，确保矿房、矿柱参数符合要求。六是针对防范边坡坍塌事故，要求严格按设计自上而下分台阶分层开采，并确保道路上山，严禁"一面墙"开采；边坡高度 200 m 以上的露天矿山高陡边坡、堆置高度 200 m 以上的排土场，必须进行在线监测，定期进行稳定性专项分析。

各地区、各企业除了严格落实《通知》中所强调的防范措施外，还要认真贯彻落实上述两个文件中的相关要求。

（四）着力推动矿山整合技改和整顿升级

2012 年，国务院印发了《国务院办公厅转发安全监管总局等部门关于依法做好金属非金属矿山整顿工作意见的通知》（国办发〔2012〕54 号），建立了金属非金属矿山整顿工作部际联席会议制度，深入开展了为期 3 年的金属非金属矿山整顿攻坚战，取得了明显成效。截至 2015 年底，全国共整顿关闭不符合产业政策、安全保障能力低下和非法违法生产金属非金属矿山 27054 座，各类非法违法开采行为得到遏制；准入门槛逐渐提高，持证金属非金属矿山中小型矿山比重比 2012 年下降了 6.7%；事故总量逐步下降，比 2012 年事故起数和死亡人数分别下降了 37.4% 和 43.5%。

虽然经过为期 3 年的金属非金属矿山整顿工作，取得了很大的成效，但目前仍然存在以下问题：一是多、小、乱问题仍然突出。截至 2016 年底，全国金属非金属矿山（含尾矿库）仍有 51772 座，其中小型矿山占 88.3%，产能只占 30% 左右，但酿成的事故却超过 90%；一个矿体多个开采主体以及大矿小开问题依然比较严重；部分地区一个采矿证多个独立生产系统、非法转让采矿权等假整合问题仍然突出。二是设备设施落后问题仍然突出。截至 2016 年底，全国还有 7% 的露天矿山和 15% 的小型地下矿山使用人工装卸矿岩，9% 的矿山没有按期淘汰列入目录的落后工艺设备，地下矿山仍在使用非阻燃电缆 4.28×10^5 m、非阻燃风筒 1.8×10^4 m、木支护 1.9×10^4 m，安全风险仍然很高。三是从业人员安全素质偏低问题仍然突出。截至 2016 年底，全国仅有 22.8% 的矿山配有专业技术人员，大部分中小矿山没有风险分析和防控能力；50% 以上从业人员是初中以下文化程度，70% 以上没有接受过正规安全培训，因现场管理不到位引发的事故占事故总量的 80% 以上。

借鉴 2012—2015 年整顿工作的经验，以及内蒙古、辽宁、吉林、云南、山东等地区非煤矿山整顿升级工作的做法，《通知》对矿山整合技改和整顿升级工作提出了明确要求：一是在目前全国矿业经济仍然不景气的现状下，要充分利用经济手段引导缺乏资金无能力整改隐患，受采空区、水害威胁严重，以及资源接近枯竭的老旧、小矿山关闭退出，进一步降低矿山数量。二是要严把非煤矿山安全生产条件关，对不具备基本安全生产条件的要坚决依法提请地方政府予以关闭；对存在重大事故隐患的要依法停产整顿，加强停产整顿期间的监管，严禁非法违法擅自生产，直至整改到位。三是推动矿业秩序混乱的地区加大工作力度，深入推进矿产资源开发整合，督促进一步优化矿业权布局，严格执行优势矿种开采总量控制，严厉打击非法转让采矿权和"假整合"等行为。四是严把矿山规模门槛。要继续推动进一步提高矿山开发规模准入标准。五是对仍在使用非阻燃电缆、非阻燃风筒、主要井巷木支护等落后设备设施的企业要立即停产，限期整改，确保 2017 年底前全部完成淘汰落后任务。

（五）着力加强对长期停产停建矿山的依法监管

受市场持续低迷影响，非煤矿山企业停产停建比例较高，一些中小型矿山停产期间安全投入保障不足，生产系统维护保养不到位，只对生产系统进行简单维护，为日后复产带来新的、更大的隐患，每年节后复产生产高峰期也同时是事故高发期。为加强和规范长期停产停建矿山的安全监督管理，2016 年 3 月，国家安全监管总局办公厅印发了《关于加强停产停建非煤矿山安全监管工作的通知》（安监总厅管一〔2016〕25 号），从规范停产停建矿山工作程序、加强停产停建矿山安全监管、做好复产复工检查验收工作和探索创新停产停建矿山淘汰退出等方面提出了具体的要求。

目前，随着部分矿产品市场回暖，近 20000 多座停产和 4000 多座停建非煤矿山可能将逐渐复工，安全风险凸显。《通知》对长期停产停建矿山监安全监管工作提出了针对性要求：一是严格停产停建矿山报告制度。需要停产停建 6 个月以上的非煤矿山企业必须向相应安全监管部门提出书面报告，说明停产停建原因、期限和停产停建期间拟采取的安全技术和管理措施等事项。当地安全监管部门要全面掌握停产停建矿山情况。二是对停产停建矿山要和正常生产矿山一样进行日常安全监管执法，矿山企业必须确保安全生产许可证等相关证件合法有效，否则按无证生产依法处罚。三是复产复建矿山企业必须组织复产复工检查验收，认为符合安全生产条件的，必须向相应安全监管部门提交复产复工报告。安全监管部门要对提交复产复工报告的矿山企业加强检查，发现不符合安全生产条件的必须责令停产整改。对长期停产停建、复工复产无望和扭亏无望的矿山，要结合整顿升级要求引导企业主动关闭退出。

（六）着力加大对与煤共（伴）生矿山的监督检查力度

随着煤矿不断提高准入门槛、推动落实淘汰落后产能，不断推进煤矿关闭退出，部分煤矿企业开始改头换面以开采非煤矿产品的名义开采煤炭，这些企业按非煤矿山的标准进行生产建设，极易导致事故发生。2013 年发生的山东省济南市章丘埠东粘土矿"5·23"重大透水事故和陕西渭南市澄城县硫磺矿"7·23"重大火灾事故（2 起事故分别造成10 人死亡），均是以非煤矿山名义盗采煤炭资源。2015 年湖南省又连续发生 2 起与煤共（伴）生金属非金属矿山较大事故，共造成 10 人死亡。据统计，目前全国共有与煤共（伴）生矿山 457 座，其中 90% 以上为小型矿山。为加强对与煤共（伴）生矿山监管，坚决遏制与煤共（伴）生矿山事故频发势头，《通知》要求：一是各级安全监管部门要积极协调推动有关部门源头把控，严格确定开采矿种；要开展联合执法或推动有关部门加大对超层越界盗采煤炭资源的打击力度；要完善案件线索移交机制，发现相关问题及时通报移交相关部门。二是加大对与煤共（伴）生矿山监督检查力度，督促企业严格按照煤矿标准进行建设和生产；积极引导与煤共（伴）生矿山企业关闭退出，对达不到煤矿安全标准的，坚决提请有关地方人民政府依法予以关闭。

三、专项整治有关工作要求

为了确保此次非煤矿山专项整治工作落到实处，取得实效，《通知》要求：一要高度重视、狠抓落实。各级安全监管部门和有关企业要结合本地区非煤矿山安全生产实际，将专项整治工作和遏制重特大事故、构建风险分级管控和隐患排查治理双重预防机制、加强非煤矿山"三项监管"等日常监管工作有机结合起来，统筹部署，协同推进，狠抓落实。二要严格执法、抓出实效。对发现的违法违规行为要依法依规采取停产整顿、上限处罚、关闭取缔、从严追责"四个一律"执法措施，以及失信联合惩戒机制、"黑名单"制度、媒体曝光等方式，促进非煤矿山企业落实安全生产主体责任，确保非煤矿山安全生产专项整治工作取得实效。三要按季度对专项整治工作进行总结，国家安全监管总局每季度进行通报。

《对安全生产领域失信行为开展联合惩戒的实施办法》解读

5月9日，安全监管总局印发了《对安全生产领域失信行为开展联合惩戒的实施办法》（以下简称《实施办法》），从目的依据、纳入情形、管理时限、工作责任和程序及相关保障措施等方面，分别作出规定。这是安全生产领域认真贯彻落实党中央、国务院关于加强社会信用体系建设一系列决策部署的重要举措。《实施办法》的落地见效，对于落实企业安全生产主体责任，提升安全监管监察水平，加快实现安全生产状况的根本好转，具有重要意义。

一、《实施办法》出台的主要背景

建立健全社会信用体系，惩戒失信、褒扬诚信，是党的十八大和十八届三中、四中、五中、六中全会持续作出的重要决策部署。2016年，习近平总书记主持中央改革领导小组会议先后4次审议信用建设议题，去年12月9日中央政治局第37次集体学习时，总书记又强调，对突出的诚信缺失问题，要完善守法诚信褒奖机制和违法失信惩戒机制，使之不敢失信、不能失信。《中共中央 国务院关于推进安全生产领域改革发展的意见》规定，要积极推进安全生产诚信体系建设，完善企业安全生产不良记录"黑名单"制度，建立失信惩戒和守信激励机制。近两年来，国务院先后出台了《社会信用体系建设规划纲要（2014—2020年）》《关于建立完善守信联合激励和失信联合惩戒制度加快推进社会诚信建设的指导意见》等6件具有顶层设计意义的重要文件。为切实强化社会信用体系建设，国家层面上，建立了以国家发展改革委、人民银行牵头的社会信用体系建设部际联席会议制度（目前成员单位已达到47家），建立了常态化的诚信例会、业务协同、督促检查和绩效考核等制度措施，全面构建以信用为核心、以联合奖惩为手段的新型监管机制。

总局党组高度重视安全生产诚信体系建设，将其作为提升安全生产领域治理体系和治理能力现代化水平的有效途径，作为创新安全监管机制，有效落实企业安全生产主体责任的重要举措来认识和推动，在组织领导、制度建设、协调联动、舆论导向和系统平台保障等方面做了大量扎实有效的工作。在组织领导方面，总局率先申请成为部际联席会议成员单位，并将诚信建设的相关规定首次纳入新《安全生产法》和安全生产巡查、考核的重要内容。成立了总局安全诚信体系建设工作领导小组，建立了由办公厅具体牵头抓总、相关司局分工协作、有关单位强化技术支撑的责任保障体系，统筹强化组织协调和督促推进。在顶层设计和制度建设方面，将安全生产诚信体系建设的总体要求、制度框架、机制保障和基础支撑等方面的内容纳入有关法律法规和政策文件中。2015年7月，制定印发了《生产经营单位安全生产不良记录"黑名单"管理暂行规定》，明确了"黑名单"管理的基本原则、适用要求、基本程序、惩戒措施和监管机制。在协同机制建设方面，积极协调争取社会信用体系部际联席会议牵头单位的支持，于去年5月份，会同18个部门（单位）联合签署了《关于对安全生产领域失信生产经营单位及其有关人员开展联合惩戒的合作备忘录》。《关于对安全生产领域守信生产经营单位及其有关人员开展联合激励的合作备忘录（稿）》，也正在签署过程中。在平台建设方面，积极参与全国信用信息共享平台建设，实现了总局与全国信用信息共享平台的连通、总局与工商总局国家企业信用信息公示系统的"点对点"信息交换。强化资金保障和项目建设，去年总局成为被纳入全国信用信息共享平台（二期）投资建设的14个部门之一，总局机关建设部分由中央财政拨付专项资金予以保障，总局同时安排配套资金，落实建设计划。在舆论引导方面，坚持主动发声，先后在《中国安全生产报》《中国改革报》等发表文章和开展专题访谈，向全社会和全系统释放切实强化诚信建设的明确信号。在总局政府网站设立专栏，集中曝光安全生产领域违法失信行为，及时实施政策解读、舆情回应和信息发布更新，弘扬以人为本、关注安全、诚实守信的社会风尚。

二、《实施办法》有关条款的说明

《实施办法》共12条，主要内容可概括为以下几个方面：

（一）关于联合惩戒对象标准的界定

《实施办法》第二条明确了生产经营单位及其有关人员的10种失信行为的具体情形，既包括生产经营单位在生产经营建设过程中发生的失信行为，也包括责任事故发生之后的失信行为，同时涉及到相关技术服务机构的失信行为。界定失信行为的具体标准，主要基于以下几点考虑：

一是注重法治和德治相融合。10项失信行为具体标准，既是法律法规层面、也是道德诚信层面上需要共同惩戒的行为。对于安全失信行为，既通过法律的强制性加以规范，让行为主体失"里子"；又通过向全社会公告和公开曝光等让其失"面子"，有效督促生产经营单位和技术服务机构切实提升安全诚信水平。

二是突出因未依法依规履职尽责造成严重后果的行为。如第二条第1款"发生较大及以上生产安全责任事故，或2年内累计发生3起及以上造成人员死亡的一般生产安全责任事故的"。

三是突出主观故意的失信行为。如第二条第2～6款、第9款，涵盖了从安全生产许可到生产经营过程管理再到发生事故后等环节的失信行为，重点突出存在"欺骗""瞒报""伪造""阻碍""对抗"等主观故意行为，即使未造成严重后果，也应纳入联合惩戒对象管理。

四是突出重点行业领域。如"矿山、危险化学品、金属冶炼等高危行业建设项目安全设施未经验收合格即投入生产和使用的"（第7款），"矿山生产经营单位存在超层越界开采、以探代采行为的"（第8款）等情形，要纳入联合惩戒对象管理。

五是体现了安全生产与职业健康一体化监管的要求。《实施办法》中第二条第3款中"或职业病危害严重超标，不及时整改，仍组织从业人员冒险作的"，第10款"安全生产和职业健康技术服务机构出具虚假报告或证明，违规转让或出借资质的"，将安全生产与职业健康进行统一界定，倒逼企业切实做到诚信守法，全面协调强化安全生产与职业健康工作。

（二）关于联合惩戒对象和"黑名单"统一管理

《实施办法》第三条将联合惩戒对象存在严重违法违规行为并符合以下3种情形之一的，纳入"黑名单"管理：一是发生重特大生产安全责任事故的；二是1年内累计发生2起较大生产安全责任事故的；三是发生性质恶劣、危害性严重、社会影响大的典型较大生产安全责任事故的。

在联合惩戒备忘录签署之前出台的"黑名单"管理暂行规定，界定了纳入"黑名单"管理的5项具体标准。《暂行规定》实施两年多来，各级安全监管部门向社会公布了1132家"黑名单"企业和37名终身不得担任煤矿矿长的人员名单，其中，总局层面先后发布并惩戒了3批纳入国家级安全生产"黑名单"管理的企业，引起了广泛而积极的社会反响，效果总体良好。《暂行规定》实施过程中，各地对"黑名单"标准的科学性、合理性和可操作性等，相继提出许多合理化建议。

该《实施办法》将"黑名单"作为联合惩戒对象的一部分，实施一体化管理，废止了原先的《生产经营单位不良信用记录"黑名单"管理暂行规定》。目前《实施办法》中的10项情形，基本涵盖了此前

《暂行规定》的 5 项情形且更科学、更合理也更具操作性；将"黑名单"作为需要实施联合惩戒行为中失信程度最高、导致后果最严重的一部分进行单列，实施比一般联合惩戒对象更加严格、严厉的惩戒措施，这样同时也可以有效避免两套体系同时运行给各地区带来的不便。

（三）关于其他条款的内容

一是明确了责任。坚持"谁采集、谁负责"和"属地管理"原则，明确"各省级安全监管监察部门要落实主要负责人责任制，建立联合惩戒信息管理制度，严格规范信息的采集、审核、报送和异议处等相关工作"（第四条），以及依法依规严格落实各项惩戒措施（第八条）。安全监管总局负责对各地区报送的信息进行分类、审核、审议、通报、发布和移出等相关作（第五条、第七条），负责"通过事故接报系统，以及安全生产巡查、督查、检查等渠道获取有关信息"并实施相关管理（第五条），负责建立相关后续的工作保障机制（第九条、第十条），包括"建立联合惩戒的跟踪、监测、统计、评估、问责和公开机制"，以及考核问责等，形成各司其责、责任明确、环环相扣的闭环管理系统。

二是明确了有关时限要求。对相关工作时间节点等，提出了多处规范性或量化要求，如，联合惩戒对象和"黑名单"管理的期限为 1 年，有关法律法规另有规定的依其规定（第六条）；要求省级安全监管监察部门每月 10 日前将本地区失信主体相关信息及开展联合惩戒情况报送总局（第四条）；规定被惩戒对象须在管理期满前 30 个工作日内向所在地县级及以上安全监管监察部门提出移出申请（第七条）等，体现了从严从实推进工作的思想。

三是对信息报送作了统一规范。要求每条信息的要素应包括"单位名称、注册地址、统一的社会信用代码、主要负责人、身份证号、失信行为简况、信息采集机关、是否纳入'黑名单'及纳入理由"和联系电话及方式等，便于基层操作，也为实现相关部门间共建共享创造有利条件。目前，正在研究更科学合理的工作操作规范和管理措施，以切实提高工作成效。

三、相关工作建议

安全生产诚信体系建设，是一项打基础、利长远的工作，涉及政府、企业、社会团体、从业人员和社会公众在内的多元主体，涵盖制度、技术和文化等多项要素，是一项创新性系统工程，各项工作都需要在实践中不断探索、深化和完善。建立安全生产领域失信联合惩戒机制，是安全生产诚信体系建设的重要抓手。出台《实施办法》，旨在有效推动联合惩戒机制的规范高效运行，要使各项惩戒措施落实落地，必须抓住关键、统筹推进，探索创新、务求实效。

（1）切实加强组织领导和责任落实。各级安全监管监察部门要切实提高对安全生产诚信体系建设重要性的认识，成立安全生产诚信体系建设工作领导小组及其办事机构，主要领导同志亲自过问、亲自部署、亲自推动相关工作，建立以本部门主要负责人为核心的任务分工责任体系，建立日常协调和例会制度，以及动态评估、跟踪督办和定期通报等持续推动和改进的工作机制。加强指导和督促检查，统筹推进安全生产诚信体系的制度机制、标准规范、平台建设和宣传教育等各项工作。

（2）推动联合惩戒机制规范有序运行。建立科学合理的管理流程，完善信息的采集、报送、审核、发布、移出、异议处理等制度，明确责任单位和人员，形成各司其责、责任明确的闭环管理系统。加强与有关部门的协调联动，协调推动本级各有关部门有效落实联合惩戒各项措施，按规定程序及时采集、报送和发布有关信息。抓住案例这个"牛鼻子"，把收集和报送本地区开展联合惩戒的典型案例情况，作为安全诚信建设业绩评估的重要指标，确保工作实效。

（3）着力推进相关配套制度建设。借鉴联合惩戒机制的成果和经验，积极建立安全生产"红名单"管理制度和守信激励机制，协调推动尽快签署《关于对安全生产领域守信生产经营单位及其有关人员开展联合激励的合作备忘录》并制定出台相应实施办法，全面建立安全生产领域联合奖惩机制。同时，建立诚信评价和管理制度，尽快启动安全生产诚信等级评估和管理体系研究，构建安全生产信用评价指标体系，建立分级分类动态管理的安全生产诚信评价机制，为分类监管执法提供科学依据。

（4）扎实有效推进安全生产诚信系统平台建设。在总局层面，把握好全国安全生产信息化建设与诚信信息管理平台建设的关系，扎实推进总局诚信信息管理平台项目建设，着力推动建立安全生产领域部门之间、总局与全国信用信息共享平台之间、各级安全监管监察系统之间信用信息的共享交换机制。地方各级安全监管监察部门要积极推进本部门信息化建设，建立本部门诚信信息数据库，及时向全国安全生产诚信信息管理平台推送数据，为联合惩戒机制的规范高效运行提供支撑保障。

（5）大力弘扬以人为本、生命至上的安全诚信文化。把安全诚信文化建设摆在突出位置，充分利用各类媒体，普及信用知识，加大安全诚信企业报道和典型失信企业曝光力度。以建立安全生产领域联合惩戒机制为契机，开展联合惩戒专项活动，最大限度发挥联合惩戒和"黑名单"管理制度的警示教育作用。切实强化"阳光执法"和政务信息公开，积极探索建立以信用为核心的监管监察机制，鼓励社会公众监督和参与安全生产工作，调动社会各方面力量，凝聚安全诚信建设合力，为有效防范遏制重特大事故，加快实现安全生产状况的根本好转做出贡献。

《安全生产标准"十三五"发展规划》解读

日前，经总局局长办公会议审议通过，总局办公厅印发了《安全生产标准"十三五"发展规划》（以下简称《规划》）。安全生产标准规划是《安全生产"十三五"规划》的重要组成部分，制定该规划是贯彻落实《中共中央　国务院关于推进安全生产领域改革发展的意见》和《国务院关于印发深化标准化工作改革方案的通知》的具体举措，有利于推动实施标准化战略，有利于充分发挥标准的技术支撑作用，有利于促进安全生产形势持续稳定好转，有利于遏制重特大安全事故的发生。

2015 年初，《安全生产"十三五"规划》启动编制时没有包括安全生产标准专项规划。2015 年国务院相继出台了一系列有关标准化工作的文件，对标准化工作提出了新要求。2015 年 3 月，《国务院关于印发深化标准化工作改革方案的通知》明确提出，"改革标准体系和标准化管理体制，改进标准制定工作机制，强化标准的实施与监督"。为贯彻落实国务院有关文件精神，《安全生产"十三五"规划》中增加了安全生产标准专项规划。

贯彻落实《规划》，应当把握以下几点：

一、抓住一个重点——完善安全生产标准体系建设

体系建设是标准工作的"本"，制修订工作则是"末"，执本末从，二者相辅相成，只有巩固完善了"本"，才能做好做细"末"。"十三五"期间，要统筹规划各类各层级标准，提高标准制定、实施与监督的科学性、协调性和系统性。进一步明确重点行业、重点生产环节、重

点部位、重点岗位，以及实行风险分级管控、隐患排查治理双重预防机制所需要的安全生产标准，同时对国家标准和行业标准、强制性标准与推荐性标准、管理标准与技术标准进行合理配比，共同推进。

二、突出十二大领域——抓好煤矿等重点行业领域的标准制修订工作

煤矿、非煤矿山、危险化学品等 12 个行业领域，是安全生产标准制修订的重点领域，更是各级安全监管监察部门推动安全生产工作的关键。针对上述十二大领域，《规划》提出制修订标准 362 项，其中强制性标准 231 项（国家标准 93 项，行业标准 138 项），推荐性标准 131 项（国家标准 38 项，行业标准 93 项）。

"十三五"期间，要按照轻重缓急有序安排标准制修订工作。要优先制修订那些生产安全事故反映出存在问题的标准，以及安全生产工作所急需，但仍然缺失的标准。对于这两类标准，要开辟绿色通道，加快制修订速度。要用好强制性标准整合精简和推荐性标准集中复审工作成果，尽快处理需要转化、整合、修订的标准。要加快制修订重大事故隐患判定、安全风险分级管控、职业病危害控制和安全生产应急管理等方面的标准。要研究制定安全生产机械化、自动化、信息化等强化企业安全生产基础保障的标准。

三、夯实一个基础——加强安全生产标准的研究工作

深入开展有关基础研究，能够为进一步做好安全生产标准工作提供有力的技术支撑。标准前期研究方面，依靠科技创新，加强安全生产重要技术标准的前期研究，将重要标准的研制列入国家科技计划支持范围，促进科研成果向标准转化。加大科研基础条件和人才培养投入，支持其承担标准化科研项目。标准基础研究方面，一是要积极跟踪了解国际标准化组织的工作动态，开展国内外标准对比研究，及时将适合我国国情的国际标准转化为国家标准或者行业标准；二是要积极参与国际标准化组织的交流活动，尤其要与"一路一带"沿线国家广泛开展国际合作交流，介绍我国安全生产标准工作的成绩和好的做法，在有关国际标准上争取更多的话语权，让我国的安全生产标准"走出去"。

四、落实两个责任——通过多种手段保证标准的宣贯和实施

企业履行安全生产主体责任，必须贯彻落实安全生产标准；安全生产监管监察部门履行监管主体责任，必须对企业贯彻落实强制性标准的情况进行监管执法。做好这两个方面的工作：一是要利用多种媒体形式和渠道，加强对安全生产标准的宣贯工作，提高企业贯彻落实安全生产标准的自觉性；二是要进一步强化企业安全生产标准化工作，促进企业贯彻落实安全生产标准；三是要加强安全生产监管执法，强化外部监督。

五、做好五项保障——组织领导、队伍建设、实施推进、信息化建设、经费投入

《规划》能否发挥成效，关键在于实施。为防止出现"空中楼阁、束之高阁"现象，《规划》提出组织领导、队伍建设、实施推进、信息化建设、经费投入5方面保障措施，要求各地区、各有关部门制定实施方案，明确责任主体，共同做好相关工作。

《道路交通安全"十三五"规划》解读

日前，国务院安委会发布了《道路交通安全"十三五"规划》（以下简称《规划》），《规划》贯彻落实《中共中央　国务院关于推进安全生产领域改革发展的意见》、《中共中央　国务院关于进一步加强城市规划建设管理工作的若干意见》、《道路交通安全法》、《国务院关于加强道路交通安全工作的意见》（国发〔2012〕30号）、《国民经济与社会发展第十三个五年（2016—2020年）规划纲要》、《安全生产"十三五"规划》、《国务院安委会办公室关于印发标本兼治遏制重特大事故工作指南的通知》等有关规定，并参考公安部、交通运输部等相关部委"十三五"期间的相关政策和规划，明确了"十三五"时期我国道路交通安全工作的指导思想、规划目标、主要任务、重大工程，对切实提高我国道路交通安全水平具有重大意义。

一、编制背景

"十二五"期间，我国国民经济稳步发展，道路交通事业发展迅速，机动车、驾驶人、道路里程、道路交通流量、公路客货运量逐年攀升，人民对美好生活和交通出行安全的需求不断提高。党中央、国务院高度重视道路交通安全工作，主要职能部门注重法治引领、标本兼治、综合治理，进一步夯实了道路交通安全基础，道路交通安全形势总体平稳，重特大道路交通事故明显减少。然而，我国道路交通安全管理基础比较薄弱，仍然存在不少基础性的老大难问题，道路交通事故总量依然很大，群死群伤道路交通事故仍然多发频发。"十三五"期间，我国将实现全面建成小康社会宏伟目标，机动车、驾驶人及道路交通流量等仍将处于高速增长期，交通事故预防工作压力将进一步增大。同时，城市交通拥堵、出行难等问题可能会加剧，对道路交通安全工作提出更高的要求，带来更加严峻的挑战。

党的十九大报告提出"树立安全发展理念，弘扬生命至上、安全第一的思想，健全公共安全体系，完善安全生产责任制，坚决遏制重特大安全事故，提升防灾减灾救灾能力"，并明确提出加强大数据、新技术的应用。《规划》秉承创新、协调、绿色、开放、共享的发展理念，以预防和减少道路交通事故特别是重特大交通事故为中心，兼顾城市畅通安全，坚持"预防为先、综合治理、齐抓共管、社会共治、科技支撑、法治保障"的原则，注重道路交通安全体制机制健全和安全生产责任制的强化落实，力争解决或缓解当前影响和制约道路交通安全的基础性、源头性、根本性问题，同时，充分考虑"十三五"时期的交通安全和交通科技发展趋势，强化与国家相关政策和规划中有关措施的衔接，力求保证《规划》的科学性、可操作性和实用性。

二、与《安全生产"十三五"规划》关系

《规划》是我国第二个道路交通安全专项五年规划，由国务院安全生产委员会发布，与《道路交通安全"十二五"规划》相比，不再只是安全生产五年规划的子规划，而是兼顾考虑道路运输安全生产领域、道路交通公共安全领域，坚持问题导向和目标导向，立足于我国道路交通安全管理实际，旨在全面提升我国道路交通安全管理水平。

《规划》与《安全生产"十三五"规划》在目标、任务、重大工程等设置上保持了紧密衔接，特别是将主要任务细分为道路运输安全生产领域、道路交通公共安全领域，其中道路运输安全生产领域的规划任务是对《安全生产"十三五"规划》中相关内容的细化和延伸。

三、《规划》目标的设置

规划目标分为两个层次，一是总体目标，包括道路交通安全管理体制机制和法律法规体系更加健全、道路交通安全基础设施和车辆安全性明显改善、交通安全执法管理效能明显提升、以信息共享为基础的部门协作机制基本形成、交通参与者交通违法率明显减少、交通事故得到有效防控并呈现有规律的稳定状态且重特大道路交通事故稳中有降。二是量化目标，包括道路交通事故万车死亡率下降4%以上、营运车辆万车死亡率下降6%、较大以上道路交通事故起数下降8%以上。道路交通事故万车死亡率是国际上普遍采用的反映道路交通安全水平的相对指标，比死亡人数更具科学性；其中"营运车辆万车死亡率下降6%"是对道路运输安全生产领域的交通事故提出明确目标，与《安全生产"十三五"规划》中的道路交通事故考核指标一致；群死群伤交通事故是党委政府、社会公众关注的重点，选择较大以上事故下降率作为考核指标，具有现实意义，有助于促进我国交通事故预防工作水平的提升。

四、《规划》的主要任务

规划主要任务涵盖体制机制、交通参与者、车辆、道路、管理执法、应急救援、科技支撑七大方面，每个方面的任务中又包含多项具体任务。

（1）完善道路交通安全责任体系。主要包括进一步强化地方党委、政府和部门责任，强化企业安全主体责任，推动道路交通安全社会共治，形成地方党委政府、相关职能部门、相关企业、相关行业/领域的多层次多方位社会共治。

（2）提升交通参与者交通安全素质。主要包括健全交通安全宣传教育体系，持续深入开展交通安全宣传教育，提升驾驶人交通安全意识和驾驶技能，建立道路交通参与者交通安全信用体系，促进交通参与者交通安全素质的全面提升。

（3）提升车辆安全性。主要包括加强机动车本质安全管理，加强机动车动态安全监管，强化电动自行车安全监管，加强低速电动车源头管理。

（4）提升道路安全性。主要包括强化道路安全标准规范的贯彻实施，全面推行道路安全性评价，持续深入实施公路安全生命防护工程，提高城市道路安全设施建设配置水平，全面提升道路本质安全。

（5）提升道路交通安全管理执法能力。主要包括完善道路交通安全法律法规，提升交通安全监管效能，加大道路交通安全执法力度，提高道路交通安全执法能力。

（6）提升道路交通应急管理与救援急救能力。主要包括完善道路交通应急处置指挥联动机制，加大道路交通应急管理投入，加强道路交通事故处理能力建设，加大道路交通事故救援能力建设。

（7）提升道路交通安全科技支撑能力。主要包括加强道路交通安全基础理论与技术研究，加强道路交通安全研究成果转化和资源共享，加强道路交通安全大数据应用，加强道路交通事故深度调查和数据采集应用。

五、《规划》的重大工程

围绕"十三五"时期道路交通安全工作的主要任务，《规划》提出了6项重大工程：道路交通安全文化建设工程、重点车辆安全性提升工程、重点道路设施安全提升工程、道路交通安全主动防控体系构建工程、高速公路交通应急管理能力提升工程、道路交通安全科技应用与数据共享工程。建设实施重点工程旨在充分发挥其载体作用，推动各地区、各部门加大安全投入，在解决道路交通安全工作重点问题、难点问题上实现突破，推动《规划》取得实效。

六、《规划》的实施保障

为保障《规划》目标的实现，从加强组织领导、保障经费投入、加强队伍建设、强化效果评估4方面提出保障措施，要求各地区、各有关部门更加重视道路交通安全工作，逐级分解落实规划的主要任务和目标指标，地方各级人民政府要强化对规划实施工作的领导，把道路交通安全纳入经济社会发展和安全生产工作目标考核。同时，各地区要拓宽经费筹集渠道，加强道路交通安全监管队伍建设，建立规划实施考核制度，确保《规划》的目标、任务圆满完成。

《非煤矿山安全生产"十三五"规划》解读

日前，国家安全监管总局发布了《非煤矿山安全生产"十三五"规划》（以下简称《规划》），《规划》明确了"十三五"时期非煤矿山安全生产工作的指导思想、规划目标和主要任务，提出了规划实施的保障措施，对精准遏制非煤矿山重特大事故、全面促进非煤矿山安全生产形势持续稳定好转具有重大意义。

一、《规划》的编制背景

"十二五"期间，我国非煤矿山安全生产条件不断改善、安全管理水平不断提高，到 2015 年底，非煤矿山事故起数、死亡人数已经连续 12 年实现"双下降"，保持了持续稳定好转的局面。另一方面，我国非煤矿山安全生产基础依旧薄弱，企业数量多、规模小、装备水平差，制约非煤矿山安全生产水平提升的基本面尚未根本改变。"十三五"时期是全面建成小康社会、实现我们党确定的"两个一百年"奋斗目标的第一个百年奋斗目标的决胜阶段。非煤矿山作为安全生产领域的重要组成部分，是全面建成小康社会的重要内容。进入"十三五"时期，非煤矿山安全生产呈现出行业转型升级安全欠账多、乐观麻痹情绪滋长、矿业开发难度增大等新的阶段性特征，面临一系列的挑战。为切实做好"十三五"期间的非煤矿山安全生产工作，合理引导凝聚社会各方力量，有效降低非煤矿山事故总量，坚决遏制重特大事故发生，切实维护人民群众生命健康权益，为全面建成小康社会创造安全、高效、可持续的矿业发展环境，依据《安全生产"十三五"规划》和《中共中央国务院关于推进安全生产领域改革发展的意见》，国家安全监管总局组织制定了《非煤矿山安全生产"十三五"规划》，确定今后一段时期非煤矿山安全生产工作的方向、目标和任务。

二、与《安全生产"十三五"规划》的关系

《规划》作为《安全生产"十三五"规划》的子规划，对《安全生产"十三五"规划》中有关非煤矿山行业领域的工作任务和重大工程等进行了分解和展开，是总体规划的细化和延伸。

三、《规划》的主要特点

《规划》立足实际，谋划长远，遵循"坚守红线、安全发展，预防为主、源头管控，综合施策、系统治理，问题导向、精准施策"原则，具有以下特点：

一是以深化安全生产改革创新为动力。《规划》深入贯彻落实习近平总书记系列重要讲话精神和治国理政新理念新思想新战略，认真贯彻落实《中共中央　国务院关于推进安全生产领域改革发展的意见》精神，着重解决非煤矿山安全生产体制机制等深层次问题，提出了"十三五"时期非煤矿山安全生产工作的举措和任务要求。

二是以有效遏制非煤矿山重特大事故发生为引领。突出管控重大风险、排查治理重大事故隐患和实施非煤矿山保护生命重点工程等，以防范和遏制重特大事故、减少较大事故为重点，统筹抓好非煤矿山安全生产法规标准建设、监管执法、科技支撑、宣传培训、失信惩戒等重要工作。

三是以强化法治建设和责任体系建设为保障。分别从完善法规标准、加大执法力度、提升执法效能和严格落实企业主体责任、厘清政府监管责任、改革完善监管机制等方面工作提出明确任务要求，通过严格依法行政、依法监管、落实责任确保"十三五"时期非煤矿山安全生产工作取得实效。

四是突出以风险管控为核心的先进安全管理理念。在落实企业主体责任和遏制重特大事故等任务中，对企业构建安全风险分级管控和隐患排查治理双重预防机制均提出了相关要求，通过推进健全企业风险管控机制，不断提升非煤矿山本质安全水平。

四、《规划》目标的设置

《规划》目标立足于非煤矿山安全生产形势持续稳定好转，精准聚焦于有效遏制重特大事故、明显减少较大事故，精准施策于非煤矿山安全监管的法制化、信息化和非煤矿山企业的规模化、机械化、标准化等方面，推动采空区、"头顶库"隐患治理工程和各项政策措施的精准落地。

为了量化目标的完成，《规划》设置了 8 项指标。一是为反映非煤矿山安全生产总体状况，设置生产安全事故起数和死亡人数、从业人员千人死亡率 3 项指标，到 2020 年三项指标较 2015 年分别下降 10%。二是为有效遏制非煤矿山重特大事故，设置较大事故起数和死亡人数 2 项指标，到 2020 年两项指标分别下降 15%。三是为反映非煤矿山安全生产专项整治工作和重点工程的实施效果，设置淘汰关闭非煤矿山数量 6000 座、"头顶库"病库数量下降 40% 和采空区治理总量 2 亿 m^3 以上 3 项指标。

五、《规划》的主要任务

为确保规划目标和指标的实现，《规划》提出了 4 个方面的任务。

1. 强化安全生产责任落实

一是通过加强人员资格管理、细化责任清单、开展安全标准化达标升级、矿山管理数字化、实测图纸电子化等措施，严格落实企业主体责任。二是围绕明确监管责任边界、强化监管效能考评、推动改革创新海洋石油安全监管体制机制等措施，推动落实政府监管责任。

2. 强化非煤矿山安全生产依法治理

一是通过制修订非煤矿山安全许可办法和《金属非金属矿山安全规程》等，进一步完善法规标准制度体系。二是采取制定发布非煤矿山安全监管执法手册、严格落实执法计划、创新执法方式、强化复产复工检查验收等措施，进一步严格安全监管执法。三是通过严格监管执法人员便携式移动执法终端配备和使用、实施监管执法网络与矿山企业监测网络互联互通等措施，提升安全监管执法效能。

3. 有效遏制非煤矿山重特大事故

一是围绕全面深入实施双重预防工作机制建设，提出健全安全风险公示警示和重大安全风险预警机制、建立互联网＋隐患排查治理机制、制定矿山企业自查自改自报安全隐患标准等措施。二是重点实施采空区专项治理工程、尾矿库"头顶库"专项治理工程和高风险环节生命保护工程。三是针对非煤矿山可能发生中毒窒息、火灾、透水等十类主要事故，继续推动落实各项具体防范措施。四是围绕提升非煤矿山本质安全水平，提出推动严格矿种最小开采规模和最低服务年限准标准、强制淘汰落后设备及工艺、加大示范矿山建设力度等措施。五是进一步深化以专家会诊监管、风险分级监管和微信助力监管为主要内容的"三项监管"工作机制。

4. 强化非煤矿山安全生产支撑能力

一是围绕强化科技研发和成果转化，提出开展超大规模超深井金属矿山安全生产科研攻关、建设国家安全工程技术实验与研发基地、研发适用于小型地下矿山的机械设备等措施。二是围绕加强安全培训和宣传，提出出台非煤矿山安全文化工作指导意见、开办全国非煤矿山安全生产宣讲和矿工技术提升活动等措施。三是围绕强化应急救援和处置能力建设，提出建设非煤矿山事故救援实训演练基地、编制小矿山自救阶段应急指导意见等措施。四是围绕构建社会组织深度参与和监督机制，提出事故调查报告和技术报告同时公开、合法非煤矿山建设项目名单公开等措施。

六、《规划》的实施

为保障《规划》目标的实现，从责任落实、制度保障和监测评估3个方面提出保障措施。要求各级政府相关部门加强组织领导和工作协调，将本地非煤矿山安全生产规划纳入"十三五"经济社会发展总体规划及行业发展总体布局和规划之中，建立完善安全投入保障机制，《规划》编制部门通过建立健全规划实施情况的监测评估制度，完善规划实施监督机制，以适当方式向社会公布。

《职业病危害治理"十三五"规划》解读

日前，国家安全监管总局发布了《职业病危害治理"十三五"规划》（以下简称《规划》），《规划》全面贯彻落实《职业病防治法》《中共中央　国务院关于推进安全生产领域改革发展的意见》的有关规定，明确了"十三五"时期职业病危害治理工作的指导思想、规划目标和主要任务，对切实保障劳动者职业安全健康具有重大意义。

一、《规划》的编制背景

"十二五"期间，我国职业病防治法制、体制和机制不断完善，职业病危害防治工作取得积极进展。但由于我国尚处于社会主义初级阶段，职业病危害防治形势依然严峻，职业病危害广泛分布于煤矿、非煤矿山、金属冶炼、建材、化工等30余个行业领域，职业病危害治理工作面临一系列的挑战。"十三五"时期是全面建成小康社会的决胜阶段，加强职业病危害治理工作是全面建成小康社会的重要任务和必然要求。为切实做好"十三五"期间的职业病危害治理工作，依据《国家职业病防治规划（2016—2020年）》和《安全生产"十三五"规划》，国家安全监管总局组织制定了《职业病危害治理"十三五"规划》，确定今后一段时期职业健康工作的方向、任务和目标。

二、与《安全生产"十三五"规划》《国家职业病防治规划（2016—2020年）》的关系

《规划》作为《安全生产"十三五"规划》和《国家职业病防治规划（2016—2020年）》的子规划，是总体规划的细化和延伸，对

《安全生产"十三五"规划》的工作任务和重大工程等进行了分解和展开。同时，《规划》立足于安监部门职业病"防"的职责，与《国家职业病防治规划（2016—2020 年)》在目标、任务等的设置上保持了紧密衔接。

三、《规划》的主要特点

《规划》坚持目标导向和问题导向，坚持创新发展、协调发展，突出了前瞻性、系统性、指导性、操作性，具有以下鲜明特点：

一是立足现状，目标具体。针对当前尘毒危害严重、尘肺病和职业中毒高发的现状与亟须解决的突出问题，《规划》紧扣提升企业职业病危害治理水平和政府职业健康监管能力这条主线，以全面落实重点行业企业职业病危害防治主体责任，基本实现粉尘和毒物等重点职业病危害因素的有效遏制为总体目标，并明确了具体工作目标。

二是重点突出，任务明确。《规划》围绕"十三五"时期的目标与任务，以重点行业、重点职业病危害和重点人群为切入点，引导用人单位进行技术改造和转型升级，着力提高企业职业病危害治理水平。在法规标准体系、信息监测体系、技术支撑体系等方面加强建设，夯实基础，实施严格执法，着力提升政府监管能力，切实推动企业职业病危害治理主体责任的有效落实。

三是坚持创新，协调发展。《规划》以党中央治国理政新理念、新思想、新战略为指导，明确了"探索建立基于职业病危害风险管理的分级分类监管模式""探索建立中小微企业帮扶机制"等创新发展新举措，提出了"积极推动安全生产与职业健康法律法规衔接融合"、"推进职业健康与安全生产一体化监管监察执法"等协调发展新要求。

四、《规划》目标的设置

一是突出重点。遵循职业病防治"分类管理"的基本原则，抓住主要矛盾、解决关键问题，紧紧围绕煤矿、非煤矿山、化工、金属冶炼、陶瓷、耐火材料、水泥等尘毒危害严重行业领域开展治理，是当前职业病危害治理最为紧迫的重要任务。

二是突出主体责任。企业是职业病危害防治的责任主体，责任落实不到位、法制意识不强、能力不足制约着我国职业病危害治理工作的成效，如何落实企业职业病危害防治主体责任，是"十三五"时期职业病危害治理工作的重中之重。

三是突出监管能力建设。安监系统职业健康监管能力建设依然处于起步阶段，一方面要尽快理顺职业健康监管体制，抓紧提升监管能力；另一方面要尽快建设和完善职业健康监管法制机制，加大监管执法力度。

基于以上3点，《规划》目标设置中强调了政府层面和企业层面两个能力建设。提出了到2020年，企业职业病危害治理水平和政府职业健康监管能力明显提升。县级以上人民政府建立专业化和一体化的监管执法队伍，健全完善职业病防治目标和责任考核体系。矿山、化工、金属冶炼、陶瓷、耐火材料、电子制造、水泥等重点行业企业职业病危害防治主体责任得到全面落实，基本实现粉尘和化学毒物等重点职业病危害因素的有效控制的总体工作目标。同时，在充分考虑了可行性和工作延续性的基础上，确定了职业健康监督检查覆盖率、职业病危害项目申报率、工作场所职业病危害因素定期检测率、劳动者在岗期间职业健康检查率、主要负责人和职业健康管理人员的职业健康培训率5项具体工作的量化指标。

五、《规划》中重点行业的界定标准

一是职业病多发、高发。二是职业病危害事件时有发生。三是工作场所作业环境差、职业病危害因素超标严重。根据目前掌握的数据，矿山、化工、金属冶炼、建材、电子制造、水泥等行业领域职业病危害较

为严重。近十几年来，煤炭开采、建材、有色金属矿采选业和金属冶炼累计报告尘肺病新发病例数分列前4位，这些行业的一些子行业（例如煤矿、金矿、陶瓷、耐火材料等）近20年来群发性职业病危害事件时有发生。国家安全监管总局职业健康司近年开展的行业调研和专项治理表明，这些行业企业工作场所职业病危害因素浓（强）度超标严重、劳动者防护意识差，是职业病高发、多发的重灾区。因此，《规划》将煤矿、非煤矿山、化工、金属冶炼、陶瓷、耐火材料、水泥等行业界定为重点行业。

六、《规划》的主要任务

为确保规划目标提出的政府层面、企业层面能力提升与责任落实的目标实现，并结合国家安全监管总局职业健康监管"六位一体"的工作思路，《规划》提出了7个方面的任务，每个方面的任务中又包含若干具体任务。

（1）完善职业健康法规标准体系。主要包括推动安全生产与职业健康法律法规衔接融合，建立职业病危害治理国家标准制定发布工作机制，推动颁布实施《高危粉尘作业与高毒作业职业病危害防治条例》。加快部门规章和职业健康技术标准的制修订，推进地方性法规标准制修订工作。

（2）健全职业健康监管监察机制。主要包括推动各有关部门落实职业健康监管监察职责，不断加强基层监管执法力量，推进职业健康与安全生产一体化监管监察执法，建立基于职业病危害风险管理的分级分类监管模式，完善职业病防治协调工作机制等措施。

（3）加强职业健康监管执法能力建设。主要包括提升职业健康监管监察执法的技术装备水平，规范职业健康监管监察执法，建立职业健康监管监察人员上岗培训与考核管理制度，提高职业健康监管监察执法队伍的专业能力和执法水平，完善基于职业健康监管的信息报告与统计分析制度等措施。

（4）推进科技创新和技术服务支撑体系建设。主要包括建设国家级职业病危害综合防治科研平台，完善国家、省、市、县四级社会化专业技术服务网络体系，改革职业健康技术服务机构资质管理和审批制度，推动职业健康技术服务诚信体系建设等措施。

（5）强化重点行业专项治理。主要包括开展职业病危害基本情况调查，通过经验推广、示范创建等方式深入开展重点行业专项治理，探索建立中小微企业帮扶机制等措施。

（6）推动企业落实主体责任。主要包括督促职业病危害严重的企业建立健全职业病防治责任体系、规章制度和职业健康管理机构，指导企业落实各项职业健康管理制度，建立企业职业病危害治理"黑名单"制度等措施。

（7）加强职业健康宣传、教育和培训。主要包括大力开展职业健康宣传，推动高等院校加强职业卫生工程学科建设和人才培养，建设职业健康培训教育示范基地，加快互联网＋职业健康培训信息化建设等措施。

七、《规划》的重大工程

围绕"十三五"时期职业病危害治理的主要任务，充分发挥重大工程的载体作用，提出职业病危害基础信息摸底调查、职业安全健康监管执法培训工程、尘毒危害治理示范企业创建工程、煤矿粉尘综合治理工程、劳动密集型工业企业职业病危害防护技术与装备研发项目、国家级职业病危害综合防治平台建设工程等6项配套和支撑主要任务完成的重大工程。

八、《规划》的实施

为保障《规划》目标的实现，从强化责任、严格执法、加强投入、适时督导 4 个方面提出保障措施。要求各级安全监管监察机构把职业病危害治理摆上更加重要的位置，研究确定"十三五"期间本地区职业病危害治理任务，明确阶段性目标和工作分工，加大督导检查力度，确保目标任务圆满完成。

《安全监管监察部门许可证档案
管理办法》解读

《安全监管监察部门许可证档案管理办法》（以下简称《办法》）已经于 2017 年 3 月 22 日由国家安全监管总局、国家档案局联合印发，并于印发之日起施行。

一、制定背景

许可证档案是许可机关依法治安、依法行政的历史记录，是矿山、危险化学品、非药品类易制毒化学品、烟花爆竹企业（以下统称企业）获得相关安全生产、使用和经营资质的原始凭证，是国家专业档案资源的重要组成部分。2011 年在《国家档案局关于印发〈国家基本专业档案目录（第二批）〉的通知》（档函〔2011〕273 号）中，将安全生产许可证纳入专业档案范围。考虑到总局许可证档案种类丰富、数量众多，安全生产许可证档案与其他类型许可证档案的形成与管理有共性，同时网上审批也形成了大量的电子文件，其管理亟须规范。经与国家档案局协商，同意将各类型许可证档案按照专业档案进行管理，制定许可证档案管理办法。

二、制定依据

本《办法》依据《中华人民共和国安全生产法》《安全生产许可证条例》《煤矿企业安全生产许可证实施办法》《非煤矿山企业安全生产许可证实施办法》《危险化学品生产企业安全生产许可证实施办法》

《危险化学品经营许可证管理办法》《危险化学品安全使用许可证实施办法》《非药品类易制毒化学品生产、经营许可办法》《烟花爆竹生产企业安全生产许可证实施办法》《烟花爆竹经营许可实施办法》等法律法规要求，按照《中华人民共和国档案法》《归档文件整理规则》《电子文件归档与管理规范》等法律和制度规范要求制定。

三、制定过程

一是全面梳理国家安全监管总局和国家煤矿安监局全部行政许可事项，研究相关法律法规规章，确保《办法》内容与相关法律法规的衔接。

二是通过向各省安全监管局、省级煤矿安监局和国家安全监管总局、国家煤矿安监局机关各司局发放了安全生产许可证档案管理情况调查问卷，对调查结果进行汇总分析，初步确定《办法》规范的档案范围、保管期限、电子档案管理等关键内容。

三是与国家档案局馆室司联合开展实地调研工作，先后调研了北京市安全监管局、北京煤矿安监局、浙江省安全监管局、宁波市安全监管局、福建省安全监管局、福建煤矿安监局、山西煤矿安监局等单位，广泛听取各业务部门的意见。同时利用 2015 年档案业务培训机会，与部分单位的档案工作人员、国家安全监管监察档案工作专家组成员交流意见。

四是形成《办法》（征求意见稿），通过向安全监管监察系统各单位征求意见，根据各单位的修改意见并会同国家档案局对《办法》的相关内容进行多次修改完善，最终形成本《办法》。

四、主要内容

《办法》共 21 条，主要分为 8 部分内容：第一条至第六条为制定依据、适用范围和组织管理要求；第七条至第十九条为档案管理要求；

第二十条和第二十一条为附则。

（一）制定依据、适用范围和组织管理

此部分为共6条，对《办法》总体内容进行了说明。

第一条说明了制定《办法》所参照的法律法规。

第二条明确了执行本《办法》的责任机构。

第三条规定了安全监管监察部门许可证档案包含文字、图表、证照、电子数据等不同形式和载体，及其涉及的十类内容。

第四条明确了许可证档案业务管理责任，规定"谁颁证、谁归档"，归档单位接受总局的业务管理和同级档案行政管理部门对许可证档案管理工作的监督和指导。

第五条明确了许可机关在许可证档案工作开展中的保障责任，以及在建立、完善许可证网上审批系统时，应当考虑电子文件归档以及长期保存的需求。

第六条规定了许可证档案由档案部门集中统一管理的原则。

（二）档案管理要求

此部分共13条，分别对许可证档案的归档范围、保管期限、电子文件管理及档案的整理、保管和借阅等内容进行了说明。

第七条明确了许可证档案应根据企业提交的申请文件、资料以及许可机关审批过程中形成的全部文件材料范围进行收集归档。

第八条规定了许可证档案根据颁证机构不同的颁证权限、许可事项及办证程序划分为不同的保管期限。

第九条~第十二条明确了许可证申办过程中形成的电子档案在归档、存储和备份方面的要求。

第十三条规定了许可证档案纸质档案的整理方法。

第十四条规定了许可证档案的归档时限。

第十五条明确了保存许可证档案的档案库房、设施设备的要求。

第十六条规定了提供利用的原则。

第十七条～第十九条明确了许可证档案鉴定、销毁工作责任和程序。

（三）附则

此部分共2条，规定了各安全监管监察部门在实施过程中可根据本《办法》，结合实际工作需要制定实施细则及施行时间。

五、意义

一是契合实际需要、解决突出问题。当前各级单位许可证档案数量增长与保管条件有限的矛盾较为突出。《办法》制订充分考虑了许可证档案发挥作用呈逐渐递减规律，在广泛征求意见的基础上确定了30年、10年、3年三档保管期限，以此为基础对档案管理的各个环节进行规范，既考虑档案规范化管理，也考虑各单位精细化管理的能力。

二是适应信息化水平的发展，拓宽档案整理思路。当前许可证网上审批工作推进很快，有的单位已经实现全程网上审批或网上申报、线下审批。《办法》考虑到电子文件大量形成的现实和发展趋势，提出了电子文件归档和长期保存格式标准及管理要求，并区分不同情况，对纸质档案整理进行了规范。

各单位应明确责任分工，执行《办法》的相关要求，完善许可证档案的各环节管理，更好地为安全生产中心工作提供服务保障。

《化工和危险化学品生产经营单位重大生产安全事故隐患判定标准（试行）》解读

为准确判定、及时整改化工和危险化学品生产经营单位重大生产安全事故隐患（以下简称重大隐患），有效防范遏制重特大事故，根据《安全生产法》和《中共中央 国务院关于推进安全生产领域改革发展的意见》，国家安全监管总局制定印发了《化工和危险化学品生产经营单位重大生产安全事故隐患判定标准（试行）》（以下简称《判定标准》）。《判定标准》依据有关法律法规、部门规章和国家标准，吸取了近年来化工和危险化学品重大及典型事故教训，从人员要求、设备设施和安全管理3个方面列举了20种应当判定为重大事故隐患的情形。为进一步明确《判定标准》每一种情形的内涵及依据，便于有关企业和安全监管部门应用，规范推动《判定标准》有效执行，现逐条进行简要解释说明如下：

一、危险化学品生产、经营单位主要负责人和安全生产管理人员未依法经考核合格

近年来，在化工（危险化学品）事故调查过程中发现，事故企业不同程度地存在主要负责人和安全管理人员法律意识与安全风险意识淡薄、安全生产管理知识欠缺、安全生产管理能力不能满足安全生产需要等共性问题，人的因素是制约化工（危险化学品）安全生产的最重要因素。危险化学品安全生产是一项科学性、专业性很强的工作，企业的主要负责人和安全生产管理人员只有牢固树立安全红线意识、风险意识，掌握危险化学品安全生产的基础知识、具备安全生产管理的基本技能，才能真正落实企业的安全生产主体责任。

《安全生产法》、《危险化学品安全管理条例》、《生产经营单位安全培训规定》（国家安全监管总局令第 3 号）均对危险化学品生产、经营单位从业人员培训和考核作出了明确要求，其中《安全生产法》第二十四条要求"生产经营单位的主要负责人和安全生产管理人员必须具备与本单位所从事的生产经营活动相应的安全生产知识和管理能力。危险物品的生产、经营、储存单位以及矿山、金属冶炼、建筑施工、道路运输单位的主要负责人和安全生产管理人员，应当由主管的负有安全生产监督管理职责的部门对其安全生产知识和管理能力考核合格。考核不得收费"。《生产经营单位安全培训规定》明确要求"危险化学品等生产经营单位主要负责人和安全生产管理人员，自任职之日起 6 个月内，必须经安全生产监管监察部门对其安全生产知识和管理能力考核合格"。2017 年 1 月 25 日，国家安全监管总局印发了《化工（危险化学品）企业主要负责人安全生产管理知识重点考核内容（第一版）》和《化工（危险化学品）企业安全生产管理人员安全生产管理知识重点考核内容（第一版)》（安监总厅宣教〔2017〕15 号），对有关企业主要负责人和安全管理人员重点考核重点内容提出了明确要求，负有安全生产监督管理的部门应当按照相关法律法规要求对有关企业人员进行考核。

二、特种作业人员未持证上岗

特种作业岗位安全风险相对较大，对人员专业能力要求较高。近年来，由于特种作业岗位人员由未经培训、未取得相关资质造成的事故时有发生，2017 年发生的河北沧州"5·13"氯气中毒事故、山东临沂"6·5"重大爆炸事故、江西九江"7·2"爆炸事故均暴露出特种作业岗位人员无证上岗，人员专业能力不足引发事故的问题。

《安全生产法》、《特种作业人员安全技术培训考核管理规定》（国家安全监管总局令 第30号）均对特种作业人员的培训和相应资格提出了明确要求，如危险化学品特种作业人员应当具备高中或者相当于高中及以上文化程度。按照规定，化工和危险化学品生产经营单位涉及到的特种作业，除电工作业、焊接与热切割作业、高处作业等通用的作业类型外，还包括危险化工工艺过程操作及化工自动化控制仪表安装、维修、维护作业（包含光气及光气化工艺、氯碱电解工艺、氯化工艺、硝化工艺、合成氨工艺、裂解［裂化］工艺、氟化工艺、加氢工艺、重氮化工艺、氧化工艺、过氧化工艺、胺基化工艺、磺化工艺、聚合工艺、烷基化工艺15种危险工艺过程操作，以及化工自动化控制仪表安装、维修、维护）。从事上述作业的人员，均须经过培训考核取得特种作业操作证。未持证上岗的应纳入重大事故隐患。

三、涉及"两重点一重大"的生产装置、储存设施外部安全防护距离不符合国家标准要求

本条款的主要目的是要求有关单位依据法规标准设定外部安全防护距离作为缓冲距离，防止危险化学品生产装置、储存设施在发生火灾、爆炸、毒气泄漏事故时造成重大人员伤亡和财产损失。外部安全防护距离既不是防火间距，也不是卫生防护距离，应在危险化学品品种、数量、个人和社会可接受风险标准的基础上科学界定。

设置外部安全防护距离是国际上风险管控的通行做法。2014年5月，国家安全监管总局发布第13号公告《危险化学品生产、储存装置个人可接受风险标准和社会可接受风险标准（试行）》，明确了陆上危险化学品企业新建、改建、扩建和在役生产、储存装置的外部安全防护距离的标准。同时，《石油化工企业设计防火规范》（GB 50160—2008）、《建筑设计防火规范》（GB 50016—2014）等标准对生产装置、储存设施及其他建筑物外部距离有要求的，涉及"两重点一重大"的

生产装置、储存设施也应满足其要求。2009 年河南洛染"7·15"爆炸事故企业与周边居民区安全距离严重不足，事故造成 8 人死亡、8 人重伤，108 名周边居民被爆炸冲击波震碎的玻璃划伤。

四、涉及重点监管危险化工工艺的装置未实现自动化控制，系统未实现紧急停车功能，装备的自动化控制系统、紧急停车系统未投入使用

《危险化学品生产企业安全生产许可证实施办法》（国家安全监管总局令 第 41 号）要求，"涉及危险化工工艺、重点监管危险化学品的装置装设自动化控制系统；涉及危险化工工艺的大型化工装置装设紧急停车系统"。近年来，涉及重点监管危险化工工艺的企业采用自动化控制系统和紧急停车系统减少了装置区等高风险区域的操作人员数量，提高了生产装置的本质安全水平。然而，仍有部分涉及重点监管危险化工工艺的企业没有按照要求实现自动化控制和紧急停车功能，或设置了自动化控制和紧急停车系统但不正常投入使用。2017 年 12 月 9 日，江苏省连云港市聚鑫生物科技有限公司间二氯苯生产装置发生爆炸事故，致使事故装置所在的四车间和相邻的六车间整体坍塌，共造成 10 人死亡、1 人受伤，事故装置自动化控制水平低、现场作业人员较多是造成重大人员伤亡的重要原因。

五、构成一级、二级重大危险源的危险化学品罐区未实现紧急切断功能；涉及毒性气体、液化气体、剧毒液体的一级、二级重大危险源的危险化学品罐区未配备独立的安全仪表系统

《危险化学品重大危险源监督管理暂行规定》（国家安全监管总局令第 40 号）要求，"一级或者二级重大危险源，装备紧急停车系统"和"涉及毒性气体、液化气体、剧毒液体的一级或者二级重大危险源，配备独立的安全仪表系统"。构成一级、二级重大危险源的危险化学品罐区，因事故后果严重，各储罐均应设置紧急停车系统，实现紧急切断功能。对与上游生产装置直接相连的储罐，如果设置紧急切断可能导致生产装置超压等异常情况时，可以通过设置紧急切换的方式避免储罐造成超液位、超压等后果，实现紧急切断功能。2010 年 7 月 16 日，大连中石油国际储运公司原油库输油管道发生爆炸，引发大火并造成大量原油泄漏，事故造成 1 人死亡、1 人受伤，直接经济损失为 22330.19 万元。此次事故升级的重要原因是发生泄漏的原油储罐未设置紧急切断系统，原油从储罐中不断流出无法紧急切断，导致火灾扩大。2010 年 1 月 7 日，兰州石化公司合成橡胶厂 316 号罐区发生火灾爆炸事故，造成 6 人死亡、1 人重伤、5 人轻伤，由于碳四物料泄漏后在防火堤内汽化弥漫，人员无法靠近关断底阀，且事故储罐未安装紧急切断系统，致使物料大量泄漏。

六、全压力式液化烃储罐未按国家标准设置注水措施

当全压力式储罐发生泄漏时，向储罐注水使液化烃液面升高，将泄漏点置于水面下，可减少或防止液化烃泄漏，将事故消灭在萌芽状态。1998 年 3 月 5 日，西安煤气公司液化气管理所液化气储罐发生泄漏着火后爆炸，造成 12 人死亡，主要原因是 400 m³ 球罐排污阀上部法兰密封失效，堵漏失败后引发着火爆炸。《石油化工企业设计防火规范》（GB 50160—2008）第 6.3.16 条要求，"全压力式储罐应采取防止液化烃泄漏的注水措施"。《液化烃球形储罐安全设计规范》（SH 3136—2003）第 7.4 条要求，"丙烯、丙烷、混合 C4、抽余 C4 及液化石油气的球形储罐应设注水设施"。

全压力式液化烃储罐注水措施的设置应经过正规的设计、施工和验收程序。注水措施的设计应以安全、快速有效、可操作性强为原则，设置带手动功能的远程控制阀，符合国家相关标准的规定。要求设置注水设施的液化烃储罐主要是常温的全压力式液化烃储罐，对半冷冻压力式液化烃储罐（如乙烯）、部分遇水发生反应的液化烃（如氯甲烷）储罐

可以不设置注水措施。此外，设置的注水措施应保障充足的注水水源，满足紧急情况下的注水要求，充分发挥注水措施的作用。

七、液化烃、液氨、液氯等易燃易爆、有毒有害液化气体的充装未使用万向管道充装系统

液化烃、液氨、液氯等易燃易爆、有毒有害液化气体充装安全风险高，一旦泄漏容易引发爆炸燃烧、人员中毒等事故。万向管道充装系统旋转灵活、密封可靠性高、静电危害小、使用寿命长，安全性能远高于金属软管，且操作使用方便，能有效降低液化烃、液氨、液氯等易燃易爆、有毒有害液化气体充装环节的安全风险。

国务院安委会办公室《关于进一步加强危险化学品安全生产工作的指导意见》（安委办〔2008〕26号）和国家安全监管总局、工业和信息化部《关于危险化学品企业贯彻落实〈国务院关于进一步加强企业安全生产工作的通知〉的实施意见》（安监总管三〔2010〕186号）均要求，在危险化学品充装环节，推广使用金属万向管道充装系统代替充装软管，禁止使用软管充装液氯、液氨、液化石油气、液化天然气等液化危险化学品。《石油化工企业设计防火规范》（GB 50160—2008）对液化烃、可燃液体的装卸要求较高，规范第6.4.2条第六款以强制性条文要求"甲B、乙、丙A类液体的装卸车应采用液下装卸车鹤管"，第6.4.3条规定"1. 液化烃（即甲A类易燃液体）严禁就地排放；2. 低温液化烃装卸鹤位应单独设置"。2015年9月18日，河南中鸿煤化公司发生合成氨泄漏事故，造成厂区附近部分村民中毒。事故原因是中鸿煤化公司化工厂区合成氨塔底部金属软管爆裂导致氨气泄漏。

八、光气、氯气等剧毒气体及硫化氢气体管道穿越除厂区（包括化工园区、工业园区）外的公共区域

《危险化学品输送管道安全管理规定》（国家安全监管总局令第43

号）要求，禁止光气、氯气等剧毒化学品管道穿（跨）越公共区域，严格控制氨、硫化氢等其他有毒气体的危险化学品管道穿（跨）越公共区域。

随着我国经济的快速发展，城市化进程不断加快，一些危险化学品输送管道从原来的地处偏远郊区逐渐被新建的居民和商业区所包围，一旦穿过公共区域的毒性气体管道发生泄漏，会对周围居民生命安全带来极大威胁。同时，氯气、光气、硫化氢密度均比空气大，腐蚀性强，均能腐蚀设备，易导致设备、管道腐蚀失效，一旦泄漏，很容易引发恶性事故。如 2004 年发生的重庆市天原化工总厂"4·16"氯气泄漏爆炸事故，原因是设备长期腐蚀穿孔，发生液氯储槽爆炸，导致氯气外泄，在事故处置过程中又连续发生爆炸，造成 9 人死亡、3 人受伤、15 万群众紧急疏散。

九、地区架空电力线路穿越生产区且不符合国家标准要求

地区架空电力线电压等级一般为 35 kV 以上，若穿越生产区，一旦发生倒杆、断线或导线打火等意外事故，有可能影响生产并引发火灾造成人员伤亡和财产损失；反之，生产厂区内一旦发生火灾或爆炸事故，对架空电力线也有威胁。本条款涉及的国家标准是指《石油化工设计防火规范》（GB 50160—2008）和《建筑设施防火规范》（GB 50016—2014）。其中，《石油化工设计防火规范》第 4.1.6 条要求，"地区架空电力线路严禁穿越生产区"，因此石油化工企业及其他按照《石油化工设计防火规范》设计的化工和危险化学品生产经营单位均严禁地区架空电力线穿越企业生产、储存区域。其他化工和危险化学品生产经营单位则应按照《建筑设施防火规范》（GB 50016—2014）第 10.2.1 条规定，"架空电力线与甲、乙类厂房（仓库），可燃材料堆垛，甲、乙、丙类液体储罐，液化石油气储罐，可燃、助燃气体储罐的最近水平距离应符合表 10.2.1 的规定。35 kV 及以上架空电力线与单罐容积大于

200 m³ 或总容积大于 1000 m³ 液化石油气储罐（区）的最近水平距离不应小于 40 m" 执行。

十、在役化工装置未经正规设计且未进行安全设计诊断

本条款的主要目的是从源头控制化工和危险化学品生产经营单位安全风险，满足安全生产条件，提高在役化工装置本质安全水平。一些地区部分早期建成的化工装置，由于未经正规设计或者未经具备相应资质的设计单位进行设计，导致规划、布局、工艺、设备、自动化控制等不能满足安全要求，安全风险未知或较大。

2012 年 6 月，国家安全监管总局、国家发展改革委、工业和信息化部、住房和城乡建设部联合下发的《关于开展提升危险化学品领域本质安全水平专项行动的通知》（安监总管三〔2012〕87 号）要求，对未经正规设计的在役化工装置进行安全设计诊断，全面消除安全设计隐患。2013 年 6 月，国家安全监管总局、住房和城乡建设部联合下发了《关于进一步加强危险化学品建设项目安全设计管理的通知》（安监总管三〔2013〕76 号）明确要求，"（危险化学品）建设项目的设计单位必须取得原建设部《工程设计资质标准》（建市〔2007〕86 号）规定的化工石化医药、石油天然气（海洋石油）等相关工程设计资质；涉及重点监管危险化工工艺、重点监管危险化学品和危险化学品重大危险源的大型建设项目，其设计单位资质应为工程设计综合资质或相应工程设计化工石化医药、石油天然气（海洋石油）行业、专业资质甲级"。对新、改、扩建危险化学品建设项目，必须由具备相应资质和相关设计经验的设计单位负责设计，在役化工装置进行安全设计诊断也应按照相应的要求执行。如 2012 年，河北赵县 "2·28" 重大爆炸事故企业克尔化工有限公司未经正规设计，装置布局、工艺技术及流程、设备管道、安全设施、自动化控制等均存在明显缺陷。

十一、使用淘汰落后安全技术工艺、设备目录列出的工艺、设备

《安全生产法》第三十五条规定，"国家对严重危及生产安全的工艺、设备实行淘汰制度，具体目录由国务院安全生产监督管理部门会同国务院有关部门制定并公布。法律、行政法规对目录的制定另有规定的，适用其规定。省、自治区、直辖市人民政府可以根据本地区实际情况制定并公布具体目录，对前款规定以外的危及生产安全的工艺、设备予以淘汰。生产经营单位不得使用应当淘汰的危及生产安全的工艺设备"。因此，本条款中的"淘汰落后安全技术工艺、设备目录"是指列入国家安全监管总局《关于印发淘汰落后安全技术装备目录（2015年第一批）的通知》（安监总厅科技〔2015〕43号）、《关于印发淘汰落后安全技术工艺、设备目录（2016年）的通知》（安监总厅科技〔2016〕137号）等相关文件被淘汰的工艺、设备，各地区也可自行制定并公布具体目录。如山西晋城"5·16"事故企业使用国家明令淘汰的落后工艺——间接焦炭法生产二硫化碳，该工艺生产过程中易发生泄漏、中毒等生产安全事故，安全隐患突出。

十二、涉及可燃和有毒有害气体泄漏的场所未按国家标准设置检测报警装置，爆炸危险场所未按国家标准安装使用防爆电气设备

本条款中规定的国家标准是指《石油化工可燃气体和有毒气体检测报警设计规范》（GB 50493—2009）、《爆炸性环境　第1部分：设备通用要求》（GB 3836.1—2010）和《爆炸性气体环境用电气设备　第16部分：电气装置的检查和维护（煤矿除外）》（GB 3836.16—2006）。其中，《石油化工可燃气体和有毒气体检测报警设计规范》要求：化工和危险化学品企业涉及可燃气体和有毒气体泄漏的场所应按照上述法规标准要求设置检测报警装置，检测报警装置设置的内容包括检测报警类别，装置的数量和位置，检测报警值的大小、信息远传、连续记录和存

储要求，声光报警要求，检测报警装置的完好性等；《爆炸性环境　第1部分：设备通用要求》（GB 3836.1—2010）和《爆炸性气体环境用电气设备　第 16 部分：电气装置的检查和维护（煤矿除外）》（GB 3836.16—2006）对防爆区域的分类进行了明确的界定，对防爆区域电气设备的选型、安装和使用提出了明确要求。如 2008 年 8 月 26 日，广西广维化工股份有限公司有机厂乙炔气泄漏并发生爆炸，造成 21 人死亡、60 多人受伤，事故原因之一是罐区未设置可燃气体报警仪，物料泄漏没有被及时发现。2017 年 6 月 5 日，山东临沂金誉石化有限公司一辆液化气罐车在卸车作业过程中发生液化气泄漏，引起重大爆炸着火事故。据分析，引发第一次爆炸可能的点火源是临沂金誉石化有限公司生产值班室内在用的非防爆电器产生的电火花。

十三、控制室或机柜间面向具有火灾、爆炸危险性装置一侧不满足国家标准关于防火防爆的要求

本条款的主要目的是要求企业落实控制室、机柜间等重要设施防火防爆的安全防护要求，在火灾、爆炸事故中，能有效地保护控制室内作业人员的生命安全、控制室及机柜间内重要自控系统、设备设施的安全。涉及的国家标准包括《石油化工企业设计防火规范》（GB 50160—2008）和《建筑设计防火规范》（GB 50016—2014）。具有火灾、爆炸危险性的化工和危险化学品企业控制室或机柜间应满足以下要求：

（1）其面向具有火灾、爆炸危险性装置一侧的安全防护距离应符合《石油化工企业设计防火规范》（GB 50160—2008）表 4.2.12 等标准规范条款提出的防火间距要求，且控制室、机柜间的建筑、结构满足《石油化工控制室设计规范》（SH/T 3006—2012）第 4.4.1 条等提出的抗爆强度要求。

（2）面向具有火灾、爆炸危险性装置一侧的外墙应为无门窗洞口、耐火极限不低于 3 h 的不燃烧材料实体墙。

2007年河北沧州大化"5·11"爆炸事故和2017年山东临沂"6·5"爆炸事故均暴露出控制室不满足防火防爆要求的问题。

十四、化工生产装置未按国家标准要求设置双重电源供电，自动化控制系统未设置不间断电源

本条款的主要目的是从硬件角度出发，通过对化工生产装置设置双重电源供电，以及对自动化控制系统设置不间断电源，提高化工装置重要负荷和控制系统的安全性。涉及的标准主要有《供配电系统设计规范》（GB 50052—2009）和《石油化工装置电力设计规范》（SH 3038—2000）。如2017年2月21日，内蒙古阿拉善盟立信化工公司对硝基苯胺车间发生反应釜爆炸事故，造成2人遇难、4人受伤。经调查，事故企业在应急电源不完备的情况下擅自复产，由于大雪天气工业园区全面停电，企业应急电源无法使用，致使对硝基苯胺车间反应釜无法冷却降温，发生爆炸。

十五、安全阀、爆破片等安全附件未正常投用

2016年7月16日，位于山东省日照市的山东石大科技石化有限公司发生液化烃储罐发生着火爆炸事故，根据事故调查报告，罐顶安全阀前后手动阀关闭，瓦斯放空线总管在液化烃罐区界区处加盲板隔离，无法通过火炬系统对液化石油气进行安全泄放，重要安全防范措施无法正常使用，是导致本次事故后果扩大的主要原因。本条款是通过规范具有泄压排放功能的安全阀、爆破片等安全附件的管理，保障企业安全设施的完好性。

《石油化工企业设计防火规范》（GB 50160—2008）第5.5部分"泄压排放和火炬系统"对化工和危险化学品企业具有泄压排放功能的安全阀、爆破片等安全附件的设计、安装与设置等提出了明确要求。安全阀、爆破片等安全附件同属于压力容器的安全卸压装置，是保证压力容器安全使用的重要附件，其合理的设置、性能的好坏、完好性的保障直接关系到化工和危险化学品企业生产、储存设备和人身的安全。

十六、未建立与岗位相匹配的全员安全生产责任制或者未制定实施生产安全事故隐患排查治理制度

安全生产责任制是企业中最基本的一项安全制度，也是企业安全生产管理制度的核心，发生事故后倒查企业管理原因，多与责任制不健全和隐患排查治理不到位有关。本条款的主要目的是督促化工和危险化学品企业制定落实与岗位职责相匹配的全员安全生产责任制，根据本单位生产经营特点、风险分布、危险有害因素的种类和危害程度等情况，制定隐患排查治理制度，推进企业建立安全生产长效机制。关于企业的安全生产责任制主要检查两点：一是企业所有岗位都应建立与之一一对应的安全生产责任，责任制的内容应包括但不限于基本的法定职责；二是应采取适当途径告知从业人员安全生产责任及考核情况。隐患排查治理应常态化，并做到闭环管理，且纳入日常考核。

十七、未制定操作规程和工艺控制指标

《安全生产法》第十八条规定，"生产经营单位的主要负责人应负责组织制定本单位安全生产规章制度和操作规程"。化工和危险化学品企业的各生产岗位应制定操作规程和工艺控制指标：一是制定操作规程管理制度，规范操作规程内容，明确操作规程编写、审查、批准、分发、使用、控制、修改及废止的程序和职责。二是编制的各生产岗位操作规程的内容应至少包括开车、正常操作、临时操作、应急操作、正常停车和紧急停车的操作步骤与安全要求；工艺参数的正常控制范围，偏离正常工况的后果，防止和纠正偏离正常工况的方法及步骤；操作过程的人身安全保障、职业健康注意事项。三是制定工艺控制指标，如以工艺卡片的形式明确对工艺和设备安全操作的最低要求。四是操作规程、

工艺控制指标应科学合理，保证生产过程安全。

化工和危险化学品企业未制定操作规程和工艺控制指标，或制定的操作规程和工艺控制指标不符合以上 4 项要求的任意一项，都应纳入重大事故隐患进行管理。如河北赵县"2·28"重大爆炸事故暴露出事故企业工艺管理混乱，不经安全审查随意变更生产原料、工艺设施，车间管理人员没有专业知识和能力，违反操作规程，擅自将反应温度大幅调高。

十八、未按照国家标准制定动火、进入受限空间等特殊作业管理制度，或者制度未有效执行

近年来，化工和危险化学品生产经营单位在动火、进入受限空间作业等特殊作业环节事故占到全部事故的近50%。2016 年 4 月 22 日，江苏靖江德桥仓储有限公司储罐区 2 号交换站发生火灾，直接经济损失2532.14 万元。调查发现，事故的直接原因是德桥公司组织承包商在 2 号交换站管道进行动火作业，在未清理作业现场地沟内油品、未进行可燃气体分析、未对动火点下方的地沟采取覆盖、铺沙等措施进行隔离的情况下，违章动火作业，切割时产生火花引燃地沟内的可燃物引发大火。

本条款的主要目的是促进化学品生产经营单位在设备检修及相关作业过程中可能涉及的动火作业、进入受限空间作业以及其他特殊作业的安全进行。涉及的国家标准是指《化学品生产单位特殊作业安全规范》（GB 30871—2014）。

十九、新开发的危险化学品生产工艺未经小试、中试、工业化试验直接进行工业化生产；国内首次使用的化工工艺未经过省级人民政府有关部门组织的安全可靠性论证；新建装置未制定试生产方案投料开车；精细化工企业未按规范性文件要求开展反应安全风险评估

新工艺安全风险未知，若没有安全可靠性论证、逐级放大试验、严密的试生产方案，风险很难辨识，管控措施很难到位，容易发生"想不到"的事故。本条款中"精细化工企业未按规范性文件要求开展反应安全风险评估"，规范性文件是指国家安全监管总局于 2017 年 1 月发布《关于加强精细化工反应安全风险评估工作的指导意见》（安监总管三〔2017〕1 号）要求，企业中涉及重点监管危险化工工艺和金属有机物合成反应（包括格氏反应）的间歇和半间歇反应，有以下情形之一的，要开展反应安全风险评估：

（1）国内首次使用的新工艺、新配方投入工业化生产的以及国外首次引进的新工艺且未进行过反应安全风险评估的。

（2）现有的工艺路线、工艺参数或装置能力发生变更，且没有反应安全风险评估报告的。

（3）因反应工艺问题，发生过事故的。

精细化工生产中反应失控是发生事故的重要原因，开展精细化工反应安全风险评估、确定风险等级并采取有效管控措施，对于保障企业安全生产具有重要意义。2017 年浙江林江化工股份有限公司"6·9"爆燃事故就是企业受经济利益驱使，在不掌握反应安全风险的情况下在已停产的车间开展医药中间体的中试研发，仅依据 500 mL 规模小试结果就盲目将试验规模放大至 1 万倍以上，由于中间产物不稳定，发生分解引发爆燃事故。

二十、未按国家标准分区分类储存危险化学品，超量、超品种储存危险化学品，相互禁配物质混放混存

禁配物质混放混存，安全风险大。本条款的主要目的是着力解决危险化学品储存场所存在的危险化学品混存堆放、超量超品种储存等突出问题，遏制重特大事故发生。涉及的国家标准主要有《建筑设计防火规范》（GB 50016—2014）、《常用危险化学品贮存通则》（GB 15603—1995）、《易燃易爆性商品储存养护技术条件》（GB 17914—2013）、

《腐蚀性商品储存养护技术条件》（GB 17915—2013）和《毒害性商品储存养护技术条件》（GB 17916—2013）等。2015 年 8 月 12 日，位于天津市滨海新区天津港的瑞海国际物流有限公司发生特别重大火灾爆炸事故，事故暴露出的突出问题是不同危险特性的危险化学品混存堆放，造成事故后果极度扩大，事故共造成 165 人遇难、8 人失踪、798 人受伤，并造成重大经济损失。

《烟花爆竹生产经营单位重大生产安全事故隐患判定标准（试行）》解读

为准确判定、及时整改烟花爆竹生产经营单位重大生产安全事故隐患（以下简称重大隐患），有效防范遏制重特大事故，根据《安全生产法》和《中共中央　国务院关于推进安全生产领域改革发展的意见》，国家安全监管总局制定印发了《烟花爆竹生产经营单位重大生产安全事故隐患判定标准（试行）》（以下简称《判定标准》）。《判定标准》从人员要求、设备设施和安全管理3个方面列举了20种应当判定为重大隐患的情形，抓住了当前制约烟花爆竹生产经营单位安全生产的最突出矛盾和问题，为了进一步明确《判定标准》每一种情形的内涵及依据，便于有关企业和安全监管部门使用，推动《判定标准》有效执行，现逐条进行简要解释说明如下：

一、主要负责人、安全生产管理人员未依法经考核合格

根据《安全生产法》第二十四条规定，烟花爆竹生产经营单位的主要负责人、安全生产管理人员必须具备相应的安全生产知识和管理能力，必须经安全监管部门考核合格。烟花爆竹生产经营单位的主要负责人和安全生产管理人员不具备必要安全生产知识和能力，组织生产、违章指挥，极易导致事故发生。如2011年湖南省兴发喜炮厂"12·27"事故、2013年湖南省常德市安乡县竹林花炮厂"12·27"事故等，暴露出企业主要负责人、安全生产管理人员未经考核合格、不具备必要的安全管理知识和能力导致重大人员伤亡的突出问题。

二、特种作业人员未持证上岗，作业人员带药检维修设备设施

根据《安全生产法》第二十七条规定，烟花爆竹生产经营单位的特种作业人员必须按照国家有关规定经专门的安全作业培训，取得相应资格，方可上岗作业。烟花爆竹特种作业人员包括从事药物混合、造粒、筛选、装药、筑药、压药、切引、搬运等危险工序和仓库保管、守护的人员，特种作业人员必须接受培训，经考核合格取证后，方可上岗，否则极易引发事故。如2011年广西自治区玉林市南胜烟花爆竹厂"9·29"事故，就是从事混药、装药、搬运的特种作业人员无证上岗、操作失误导致，造成3人死亡、2人受伤。

《烟花爆竹作业安全技术规程》（GB 11652—2012）第8.4.2条明确要求，在有药工房进行设备检修时，应将工房内的药物、有药半成品、成品搬走，清洗设备及操作台、地面、墙壁的药尘，修理结束应清理修理现场。作业人员带药检维修，摩擦、撞击、静电等均会引发爆炸，无关人员没有撤离会导致事故扩大。如2013年广西自治区岑溪市三堡镇爆竹厂"11·1"重大事故的直接原因就是在带药检修切引机、无关人员没有撤离检查现场的情况下发生爆炸，造成12人死亡、16人受伤。

三、职工自行携带工器具、机器设备进厂进行涉药作业

《安全生产法》、《烟花爆竹工程设计安全规范》（GB 50161—2009）、《烟花爆竹作业安全技术规程》（GB 11652—2012）对烟花爆竹生产经营企业涉药工器具、机器设备的安全性能、防护措施等作出了明确规定，而职工自行携带工器具、机器设备进行涉药作业，必然存在机械设备安全性能不过关、安全措施不到位、作业操作不规范、安全管理不严格等突出问题，极易引发事故，造成重大人员伤亡。如广西自治区岑溪市"11·1"重大事故就存在职工自行携带切引机进行作业的突出问题。

四、工（库）房实际作业人员数量超过核定人数

《烟花爆竹工程设计安全规范》（GB 50161—2009）、《烟花爆竹作业安全技术规程》（GB 11652—2012）对烟花爆竹生产经营企业各危险性工库房的定级、定员作出了明确规定。超定员作业人员密集，而且与超药量等违法违规行为互为条件相生相伴，在事故中会发生连锁反应，导致严重后果，是烟花爆竹企业发生重特大事故的主要原因。据统计，2010 年以来烟花爆竹生产企业发生的 5 起重特大事故均存在超定员作业的违法行为。

五、工（库）房实际滞留、存储药量超过核定药量

《烟花爆竹工程设计安全规范》（GB 50161—2009）、《烟花爆竹作业安全技术规程》（GB 11652—2012）对烟花爆竹生产经营企业各危险性工库房的定级、核定药量作出了明确规定。超核定药量作业，超过了防护屏障等防爆设施的防护能力，导致作业风险急剧上升，而且与超定员等违法违规行为互为条件相生相伴，在事故中会发生连锁反应，导致严重后果，是烟花爆竹企业发生重特大事故的主要原因，必须常抓不懈。据统计，2010 年以来烟花爆竹生产企业发生的 5 起重特大事故均存在超药量作业的违法行为。

六、工（库）房内、外部安全距离不足，防护屏障缺失或者不符合要求

根据各危险性工库房的危险等级、核定药量，《烟花爆竹工程设计安全规范》（GB 50161—2009）对烟花爆竹生产经营企业内、外部安全距离和防护屏障的设置、形式、结构等作出了明确规定。企业必须密切关注内、外部安全距离的可能变化，严防安全距离不足，通过不断修缮，确保防护屏障完备有效。安全距离不足、防护屏障缺失或者不符合

要求，一旦发生事故很容易殃及周边建筑物乃至全厂甚至厂外的工厂、村庄等，导致重大人员伤亡和财产损失。如 2010 年黑龙江省伊春华利实业有限公司"8·16"特别重大事故，事故企业由于安全距离不足，爆炸冲击波、抛射物体、燃烧星体又引起厂区其他部位陆续爆炸和相邻泰桦公司等木制品企业着火，造成 34 人死亡、3 人失踪、152 人受伤；2011 年湖南省娄底市新化县桃林烟花鞭炮厂"1·14"事故，由于防护屏障厚度、宽度、高度均不符合标准规定，引起依山而建的上下两条药物线的混药、装药等工房爆炸，造成 5 人死亡。

七、防静电、防火、防雷设备设施缺失或者失效

烟花爆竹生产主要原材料为烟火药、黑火药、引火线等高危物质，雷电和静电引发的电火花均能引起燃烧、爆炸事故，因此应确保防静电、防火、防雷设备设施完好有效。由于防雷、防火、防静电设备设施未能发挥防护作用，导致雷击、静电引发的烟花爆竹事故时有发生。如 2013 年江西省抚州市金山出口烟花制造有限公司"6·21"事故，因雷击引发仓库爆炸事故，共造成 3 人死亡、45 人受伤，总仓库区 13 座库房全部毁坏；2012 年河北省石家庄市赵县礼花二厂"2·17"事故就是在制药车间在进行混药、筛药操作时，因静电积聚过高产生电火花导致，造成 4 人死亡。

八、擅自改变工（库）房用途或者违规私搭乱建

烟花爆竹生产经营企业的工（库）房根据其危险等级、核定药量设定了安全距离，防爆、防火、防雷、防静电等安全设备设施，擅自改变工（库）房用途或者违规私搭乱建，均会导致原有工（库）房安全距离不足，防爆、防火、防雷、防静电等安全设备设施的防护能力下降甚至实效，同时伴生超药量、超定员、改变工艺流程作业，一旦发生意外，势必造成严重后果。如黑龙江省伊春市"8·16"特别重大事故，

企业存在擅自扩大生产区域并新建大量工（库）房、随意改变工房设计用途的违法行为。

九、工厂围墙缺失或者分区设置不符合国家标准

《烟花爆竹工程设计安全规范》（GB 50161—2009）对烟花爆竹生产企业的围墙、分区规划进行了明确规定。但是部分企业没有及时修缮破损的围墙，导致厂外人员可随意进入厂区，一旦被违法犯罪分子利用搞破坏或者盗取黑火药、烟火药等高危产品，极易造成重大社会危害。部分企业在取得安全生产许可证后，擅自改变各分区用途，一旦发生意外，极易造成重大人员伤亡。如2016年江西省上饶市广丰县鸿盛花炮制造有限公司"1·20"事故，企业将危险品生产区设置员工宿舍，发生爆炸造成3人死亡、53人受伤。

十、将氧化剂、还原剂同库储存、违规预混或者在同一工房内粉碎、称量

烟花爆竹生产使用的烟火药、黑火药是由氧化剂与还原剂等组成，具有爆炸性质的混合物。将氧化剂、还原剂同库储存、违规预混或者在同一工房内粉碎、称量，使原本没有爆炸属性的单质化工原材料变为具有爆炸属性烟火药，相关工（库）房的危险等级升级为1.1级，但缺少相应的安全防护措施，极易引发事故，造成人员伤亡。如2016年广西自治区玉林市博白县龙潭爆竹厂"2·24"事故，就存在在同一工房内同时进行氧化剂、还原剂称量的突出问题。

十一、在用涉药机械设备未经安全性论证或者擅自更改、改变用途

针对烟花爆竹涉药机械设备安全性能不过关、安全措施不到位、作业操作不规范、安全管理不严格等导致事故多发的突出问题，国家安全

监管总局专门印发的《关于加强烟花爆竹生产机械设备使用安全管理工作的通知》(安监总厅管三〔2013〕21号)要求,烟花爆竹生产企业引进机械化生产设备、机械设备改进升级、改型换代后必须进行安全论证。使用涉药机械设备未经安全性论证或者擅自更改、改变用途,势必导致机械设备本身及其防护措施的安全保障能力失效,导致事故甚至重大事故。如广西自治区岑溪市"11·1"重大事故,引发爆炸的切引机就未经过安全性论证,存在安全隐患;2016年江西省上栗县凤林出口花炮厂"9·22"事故,主要原因就是违规改造使用爆竹自动混装药一体机进行组合烟花内筒混装药。

十二、中转库、药物总库和成品总库的存储能力与设计产能不匹配

烟花爆竹生产企业中转库、药物总库和成品总库(以下简称"三库")的存储能力与生产能力相匹配,确保药物、半成品、成品合理中转、正常存放,对保障生产流程顺畅、防止危险品超量、消除安全隐患、减少事故伤害至关重要。国家安全监管总局印发的《关于加强烟花爆竹生产企业"三库"建设的通知》(安监总厅管三〔2015〕59号),制定了爆竹、组合烟花爆竹"三库"设置基准表,规范强化了"三库"建设。如果企业的"三库"储存能力不足,会造成改变工(库)房用途、超量储存等重大隐患,一旦发生事故,势必导致伤亡扩大。

十三、未建立与岗位相匹配的全员安全生产责任制或者未制定实施生产安全事故隐患排查治理制度

《安全生产法》对建立健全全员安全生产责任制、生产安全事故隐患排查治理制度作出了明确要求。烟花爆竹生产经营企业要根据本单位生产经营特点、风险分布、危险有害因素的种类和危害程度等情况,建立事故隐患排查治理制度。通过建立与各岗位一一对应的安全生产责任范围及考核标准、事故隐患排查治理制度，推动企业切实落实企业安全生产主体责任，有效消除各类事故隐患，建立安全生产长效机制，有效防范事故特别是较大以上事故发生。据统计，2011年以来烟花爆竹生产企业发生的较大以上事故，均不同程度地存在全员安全生产责任制不健全、不落实，隐患排查治理不深入、不彻底的问题。

十四、出租、出借、转让、买卖、冒用或者伪造许可证

烟花爆竹为易燃易爆危险物品，在安全管理方面不同于普通物品，必须严管严控。生产、经营等环节如果管控不严，都极有可能引发恶性案件事故。《烟花爆竹安全管理条例》对烟花爆竹生产、经营实行许可证制度。出租、出借、转让、买卖、冒用或者伪造许可证进行烟花爆竹生产经营就是非法违法生产经营，非法生产经营烟花爆竹极易造成重大人员伤亡。如2015年河北省邢台市宁晋县"7·12"重大事故，企业非法生产组织者租用废弃的制衣车间非法组织生产双响炮时发生爆炸，造成22人死亡。

十五、生产经营的产品种类、危险等级超许可范围或者生产使用违禁药物

《烟花爆竹作业安全技术规程》（GB 11652—2012）对烟花爆竹生产各相关工序的作业安全技术要求、工艺流程等作出了明确规定。生产经营超许可范围的烟花爆竹，将导致工艺路线交叉、超员超量、工（库）房及相关安全防护措施失效等，在不具备安全生产条件的情况下进行生产作业，一旦发生意外，势必造成重大人员伤亡。如黑龙江省伊春市"8·16"特别重大事故，企业就是在超许可范围生产礼花弹和B级以上组合烟花时发生事故；河南省漯河市"1·19"重大事故，企业的许可范围为C级爆竹，该企业却生产双响炮和B级大爆竹。

烟花爆竹生产使用的违禁药物主要是指氯酸钾等敏感药物，使用氯酸钾等敏感药物配制的烟火药机械感度高，极易引发生事故。如2011年陕西省宝鸡市凤翔县"1·12"事故，主要原因就是使用氯酸钾生产爆竹，造成9人死亡、2人受伤。

十六、分包转包生产线、工房、库房组织生产经营

烟花爆竹生产经营企业将部分工（库）房、一条生产线或某个生产品种分包给其他单位或个人组织生产经营，会造成企业安全生产主体责任不明确、不落实，安全管理混乱，伴生超员、超量、擅自改变工房用途、改变生产工艺流程等严重违法违规行为，由此引发的重大事故时有发生。如2016年河南省通许县通安烟花爆竹有限公司"1·14"重大事故，企业违法将闲置的工库房出租给个人生产烟花爆竹，并违法提供生产原材料，造成10人死亡、7人重伤；广西自治区岑溪市"11·1"重大事故，企业多股东分包转包生产线及出租工作组织生产，现场管理极其混乱，造成12人死亡、9人重伤。

十七、一证多厂或者多股东各自独立组织生产经营

随着烟花爆竹整顿提升关闭工作的大力推进，部分企业在兼并整合过程中出现"假整合""假兼并"，没有真正做到统一供销经营、组织生产、招聘用工、安全生产、财务核算等，一证多厂、多股东各自组织独立组织生产经营，造成企业安全生产主体责任不明确、不落实，安全管理混乱，超员、超量等严重违法违规行为，由此引发的重大事故时有发生。如2014年湖南省醴陵市南阳出口鞭炮烟花厂"9·22"重大事故、2011年河南省漯河市郾城区豫田花炮厂"1·19"重大事故，主要原因均是各股东各自独立组织生产烟花爆竹。

十八、许可证过期、整顿改造、恶劣天气等停产停业期间组织生产经营

许可证过期、责令停产停业整顿改造期间进行生产经营是严重的违法行为，《烟花爆竹作业安全技术规程》（GB 11652—2012）明确规定天气恶劣（如雷电、暴风雨、高温）等 5 种情况下必须停止有药工序的作业，否则在不具备安全生产条件的情况下强行作业，势必导致事故甚至重大事故。如 2012 年河南省周口市淮阳县东屯花炮厂"6·18"重大事故，就是在安全生产许可证过期、停产整改期间，利用未拆除的 1.3 级工房擅自组织人员违法生产爆竹时发生的；2017 年江西省万载县荣兴烟花爆竹有限责任公司"8·26"事故，企业在地高温天气停产期间，违法违规组织生产组合烟花引发事故，造成 3 人死亡。

十九、烟花爆竹仓库存放其他爆炸物等危险物品或者生产经营违禁超标产品

烟花爆竹仓库存放的其他爆炸物等危险物品是指执法部门收缴的假冒伪劣烟花爆竹、"鱼雷"等，这些爆炸物品的性质不稳定、感度高、储存条件、爆炸特性、作业要求等与烟花爆竹产品均不相同，摩擦、撞击、静电等极易引发爆炸，造成重大人员伤亡。如 2015 年湖南省岳阳市华容县恒兴烟花鞭炮有限公司"2·25"事故，涉事批发企业非法储存"鱼雷"等违禁物品和禁止内销的摩擦型产品；2013 年河南省三门峡市连霍高速义昌大桥"2·1"重大事故，涉事货车运输的就是烟花爆竹生产企业生产的超大药量爆炸物。

《烟花爆竹 安全与质量》（GB 10631—2013）根据烟花爆竹产品的药量等划分为不同的危险等级，违禁超标产品的药量大、感度高，危险等级升级，在低危险等级的工库房中生产、储存，安全防护措施基本失效，装药、搬运等作业极易引发爆炸，造成重大危害。如 2017 年陕

西省富平县祥乐花炮制造有限责任公司"6·24"事故，在生产外径1.2 cm、长7 cm、含药量约1 g（国家标准允许最大含药量的5倍）的超规格爆竹时发生爆炸，造成4人死亡。

二十、零售点与居民居住场所设置在同一建筑物内或者在零售场所使用明火

烟花爆竹产品为具有爆炸、燃烧性质的烟火药制品，属于危险物品，摩擦、撞击、明火等均可引发其爆炸、燃烧，并产生大量的浓烟。《消防法》《烟花爆竹经营许可实施办法》（国家安全监管总局令 第65号）等法律法规明确要求严禁烟花爆竹零售点与居民居住场所设置在同一建筑物内、严禁零售场所使用明火。零售场所使用明火，会造成存在的烟花爆竹燃烧爆炸，并产生大量的高温浓烟，将零售场所设置在居民居住场所，人员密集，浓烟等极易造成重大人员伤亡，造成重大社会影响。如2015年浙江省金华市永康市文雄烟花爆竹零售点"2·19"事故、2017年湖南省岳阳市经发区久盛烟花爆竹有限公司"1·24"事故，涉事的零售场所均与居民居住场所设置在同一建筑物内，2起事故共造成11人死亡。

《金属非金属矿山重大生产安全事故隐患判定标准（试行）》解读

一、金属非金属地下矿山重大生产安全事故隐患

（一）安全出口不符合国家标准、行业标准或者设计要求

安全出口是指直达地表的安全出口和各生产水平（包括中段和分段）的安全出口。

《金属非金属矿山安全规程》（GB 16423—2006）第6.1.1.3条和第6.1.1.4条对直达地表的安全出口有如下规定："（1）每个矿井至少应有两个独立的直达地面的安全出口；（2）大型矿井，矿床地质条件复杂，走向长度一翼超过1000 m的，应在矿体端部的下盘增设安全出口；（3）安全出口的间距应不小于30 m；（4）装有两部在动力上互不依赖的罐笼设备、且提升机均为双回路供电的竖井，可作为安全出口而不必设梯子间；其他竖井作为安全出口时，应有装备完好的梯子间"。对各生产水平的安全出口有如下规定："每个生产水平，均应至少有两个便于行人的安全出口，并应同通往地面的安全出口相通。"

安全出口与上述规定不符，或者与设计不符即为重大生产安全事故隐患。

（二）使用国家明令禁止使用的设备、材料和工艺

地下矿山存在使用国家安全监管总局明令禁止使用的设备、材料和工艺，即为重大生产安全事故隐患。目前，国家安全监管总局已经发布两批，分别是《关于发布金属非金属矿山禁止使用的设备及工艺目录

（第一批）的通知》（安监总管一〔2013〕101号）、《关于发布金属非金属矿山禁止使用的设备及工艺目录（第二批）的通知》（安监总管一〔2015〕13号）。

（三）相邻矿山的井巷相互贯通

相邻矿山的井巷相互贯通，一是增加各矿山入井人员管理的难度；二是会造成各矿山通风系统紊乱；三是导致炮烟无序扩散引发中毒窒息事故；四是在一个矿山发生灾害时也容易造成事故的扩大，如火灾时导致火灾烟气蔓延至其他矿山，水灾时可能造成水淹没其他矿山。

相邻矿山的井巷相互贯通是指一个矿山的井巷与其他矿山的井巷直接贯通或采用临时设施隔断贯通井巷的情况。

相邻矿山的井巷相互贯通，即为重大生产安全事故隐患。

（四）没有及时填绘图，现状图与实际严重不符

《金属非金属矿山安全规程》（GB 16423—2006）第4.16条要求："矿山应保存以下图纸，并根据实际情况的变化及时更新：（1）矿区地形地质和水文地质图；（2）井上、井下对照图；（3）中段平面图；（4）通风系统图；（5）提升运输系统图；（6）风、水管网系统图；（7）充填系统图；（8）井下通讯系统图；（9）井上、井下配电系统图和井下电气设备布置图；（10）井下避灾路线图。"

生产矿山在6个月内没有根据矿山实际情况的变化，更新上述十类图纸之一，造成现状图纸与实际严重不符合即为重大生产安全事故隐患。

（五）露天转地下开采，地表与井下形成贯通，未按照设计要求采取相应措施

露天转地下开采，如果地表与井下井巷形成贯通，水经由与露天坑相通的井巷和垫层空隙流入地下采场，可能酿成淹井事故。

矿山企业应根据实际情况组织技术论证并由有资质设计单位进行设计，采取疏、堵、排等相应措施。

未按照设计采取措施即为重大生产安全事故隐患。

（六）地表水系穿过矿区，未按照设计要求采取防治水措施

地表水系是指湖泊、水库、溪流、河流等。

地表水系穿越矿区而未采取相应防治水措施会导致地表水进入井下巷道，可能引发淹井事故。

对于地表水系穿越矿区，矿山应根据矿区水文地质等实际情况组织技术论证并由有资质设计单位进行设计，采取诸如河流改道或留防水隔离矿柱、排干、设置截（排）洪沟、帷幕注浆等措施。

没有按照设计采取措施即为重大生产安全事故隐患。

（七）排水系统与设计要求不符，导致排水能力降低

《金属非金属矿山安全规程》（GB 16423—2006）第 6.6.4.1 条规定："井下主要排水设备，至少应由同类型的 3 台泵组成；工作水泵应能在 20 h 内排出一昼夜的正常涌水量；除检修泵外，其他水泵应能在 20 h 内排出一昼夜的最大涌水量。井筒内应装设两条相同的排水管，其中一条工作，一条备用。"

排水系统主要设施包括排水泵和排水管路。排水系统与设计要求不符，导致排水能力降低是指有下列情形之一的，即为重大生产安全事故隐患：

（1）排水泵数量少于 3 台。

（2）工作水泵排水能力低于设计要求。

（3）除检修泵之外的水泵排水能力低于设计要求。

（4）井筒排水管路少于 2 条。

（5）井筒排水管路排水能力低于设计要求。

（八）井口标高在当地历史最高洪水位 1 m 以下，未采取相应防护措施

《金属非金属矿山安全规程》（GB 16423—2006）第 6.6.2.3 条规定："矿井（竖井、斜井、平硐等）井口的标高，应高于当地历史最高

洪水位 1 m 以上。特殊情况下达不到要求的，应以历史最高洪水位为防护标准修筑防洪堤，井口应筑人工岛，使井口高于最高洪水位 1 m 以上。"

井口标高在当地历史最高洪水位 1 m 以下，未按照设计采取相应防护措施的，即为重大生产安全事故隐患。

（九）水文地质类型为中等及复杂的矿井没有设立专门防治水机构、配备探放水作业队伍或配齐专用探放水设备

水文地质类型在具有相关资质的勘探单位出具的工程地质水文地质勘探报告中给出，一般划分为简单、中等和复杂 3 种类型。

水文地质类型为中等及复杂的矿井应设置专门的防治水机构，防治水机构主要的工作包括：水文地质调查、收集相关的水文地质资料、制定防治水措施计划、检查防治水设施的状况等。

探放水作业队伍应有由经验的人员组成，并根据相应规章制度进行探放水作业。

配齐专用探放水设备主要是配备专用的探放水钻机，不能使用普通电钻及凿岩设备进行探放水。

水文地质类型为中等及复杂的矿井，存在下列情形之一的，即为重大生产安全事故隐患：

（1）没有设立专门防治水机构。

（2）没有配备探放水作业队伍。

（3）没有配齐专用探放水设备。

（十）水文地质类型复杂的矿山关键巷道防水门设置与设计要求不符

《金属非金属矿山安全规程》（GB 16423—2006）第 6.6.3.3 条规定："水文地质条件复杂的矿山，应在关键巷道内设置防水门，防止泵房、中央变电所和竖井等井下关键设施被淹。防水门的位置、设防水头高度等应在矿山设计中总体考虑。"

水文地质类型复杂的矿山，防水门设置有下列情形之一的，即为重大生产安全事故隐患：

（1）防水门设置所在的位置与设计不一致。

（2）防水门设防水头高度低于设计。

（十一）有自燃发火危险的矿山，未按照国家标准、行业标准或设计采取防火措施

金属非金属矿山的自燃发火，由于燃烧物一般是硫化物，所以会产生大量的二氧化硫和硫化氢，易造成人员的伤亡。

《金属非金属矿山安全规程》（GB 16423—2006）第6.7.2.2条规定："开采有自然发火危险的矿床，应采取以下防火措施：（1）主要运输巷道和总回风道，应布置在无自然发火危险的围岩中，并采取预防性灌浆或者其他有效的防止自然发火的措施；（2）正确选择采矿方法，合理划分矿块，并采用后退式回采顺序。根据采取防火措施后矿床最短的发火期，确定采区开采期限。充填法采矿时，应采用惰性充填材料。采用其他采矿方法时，应确保在矿岩发火之前完成回采与放矿工作，以免矿岩自燃；（3）采用黄泥灌浆灭火时，钻孔网度、泥浆浓度和灌浆系数（指浆中固体体积占采空区体积的百分比），应在设计中规定；（4）尽可能提高矿石回收率，坑内不留或少留碎块矿石，工作面不应留存坑木等易燃物；（5）及时充填需要充填的采空区；（6）严密封闭采空区的所有透气部位；（7）防止上部中段的水泄漏到采矿场，并防止水管在采场漏水。"

有自然发火危险的矿山，未按照与上述规定不符，或者未按照设计采取防火措施的，即为重大生产安全事故隐患。

（十二）在突水威胁区域或可疑区域进行采掘作业，未进行探放水

《金属非金属矿山安全规程》（GB 16423—2006）第6.6.3.4条规定："对接近水体的地带或可能与水体有联系的地段，应坚持'有疑必

探，先探后掘'的原则，编制探水设计。"

突水威胁区域或可疑区域主要包括：积水的旧井巷、老采区、流砂层、各类地表水体、沼泽、强含水层、强岩溶带等不安全地带。

矿山在突水威胁区域或可疑区域进行采掘作业，未进行探放水的，即为重大生产安全事故隐患。

（十三）受地表水倒灌威胁的矿井在强降雨天气或其来水上游发生洪水期间，不实施停产撤人

在强降雨天气或洪水期间，地表水水位大幅上涨，受地表水倒灌威胁的矿井容易发生淹井事故，因此必须实施停产撤人，以防止发生淹井事故后造成重大人员伤亡。

受地表水倒灌威胁的矿井是指靠近地表河流、山洪部位、水库的矿井或由于地面沉降、开裂、塌陷易导致地表水进入井巷、采空区的矿井。

强降雨或叫强降水，指降水强度很大的雨，以下情况为强降雨：①1 h 内的雨量为 16 mm 或以上的雨；②24 h 内的雨量为 50 mm 或以上的雨。

洪水指由暴雨、急骤融冰化雪、风暴潮等自然因素引起的江河湖水量迅速增加或水位迅猛上涨的水流现象。

受地表水倒灌威胁的矿井在强降雨天气或其来水上游发生洪水期间，不实施停产撤人的，即为重大生产安全事故隐患。

（十四）相邻矿山开采错动线重叠，未按照设计要求采取相应措施

相邻矿山开采错动线重叠是指在两个矿山的开采错动线有交集，形成一个互相影响的区域。开采错动线重叠的矿山必须进行技术论证并由设计单位设计，严格按设计采取留设境界矿柱等相应措施。

相邻矿山开采错动线重叠，未按照设计要求采取相应措施的，即为重大生产安全事故隐患。

（十五）开采错动线以内存在居民村庄，或者存在重要设备设施时未按照设计要求采取相应措施

矿山开采错动线内的地表区域随着开采活动的进行会出现不同程度的下沉和塌陷，对地表存在的居民村庄、设备设施有着巨大的安全风险。

矿山企业必须组织进行技术论证并由设计单位设计，一般应采取对开采错动线以内的居民村庄进行搬迁，对开采错动线以内的重要设备设施采取留设保安矿柱或搬迁等措施。如果设计中明确了分期实施，则对照时间节点核对是否完成。

开采错动线以内存在居民村庄，或者存在重要设备设施时，未按照设计要求采取相应措施的，即为重大生产安全事故隐患。

（十六）擅自开采各种保安矿柱或者其形式及参数劣于设计值

保安矿柱包括为保护工业场地和井筒、巷道、硐室安全与稳定，以及防止某些灾害发生的矿柱；为保护矿房安全回采的顶柱、底柱和间柱；自然发火矿床用于隔离火区的防火矿柱；为防止水、流沙突然涌入的防水隔离矿柱；以及相邻两矿山之间留设的隔离矿柱。

矿山存在下列情形之一的，即为重大生产安全事故隐患：

（1）擅自开采矿柱或者未按照设计回采矿柱。

（2）未按照设计位置留设矿柱。

（3）留设的矿柱尺寸小于设计值。

（十七）未按照设计要求对生产形成的采空区进行处理

采空区不及时进行处理，可能会导致顶板大面积冒落，产生巨大的空气冲击波，严重时还易造成地表塌陷，导致严重的人员伤亡和重大财产损失。采空区的处理方法通常有充填、崩落和隔离。

未按照设计的要求对生产形成的采空区进行处理指有下列情形之一的，即为重大生产安全事故隐患：

（1）未按照设计的处理方法进行处理采空区。

（2）超过设计要求的处理时间。

（十八）具有严重地压条件，未采取预防地压灾害措施

地压对井巷和建筑设施的破坏、对矿床的开采影响是很大的，如果对其控制和管理不好，极易引发重大人身伤亡事故。

具有严重地压条件是指有下列情形之一的：

（1）永久巷道存在严重变形。

（2）发生过严重地压现象。

（3）存在大面积冒顶危险预兆。

《金属非金属矿山安全规程》（GB 16423—2006）第6.2.1.9条对有严重地压活动的矿山有如下规定："（1）设立专门机构或专职人员负责地压管理，及时进行现场监测，做好预测、预报工作；（2）发现大面积地压活动预兆，应立即停止作业，将人员撤至安全地点；（3）地表塌陷区应设明显标志和栅栏，通往塌陷区的井巷应封闭，人员不应进入塌陷区和采空区。"

具有严重地压条件，未采取预防地压灾害措施或不符合上述规定的，即为重大生产安全事故隐患。

（十九）巷道或者采场顶板未按照设计要求采取支护措施

巷道或者采场顶板未按设计采取支护措施易导致巷道或采场顶板因支护形式不当或强度不够而引发冒顶片帮事故，造成人员伤亡。

《金属非金属矿山安全规程》（GB 16423—2006）第6.1.5.1条和第6.1.5.2条对井巷支护有如下规定："（1）在不稳固的岩层中掘进井巷，应进行支护。在松软或流砂岩层中掘进，永久性支护至掘进工作面之间，应架设临时支护或特殊支护。（2）需要支护的井巷，支护方法、支护与工作面间的距离，应在施工设计中规定；中途停止掘进时，支护应及时跟至工作面。"

《金属非金属矿山安全规程》（GB 16423—2006）第6.1.5.1条和第6.1.5.2条对回采工作面、采准和切割巷道有如下规定："围岩松软

不稳固的回采工作面、采准和切割巷道，应采取支护措施；因爆破或其他原因而受破坏的支护，应及时修复，确认安全后方准作业。"

巷道或者采场顶板不符合上述规定或未按照设计要求采取支护措施，即为重大生产安全事故隐患。

（二十）矿井未按照设计要求建立机械通风系统，或风速、风量、风质不符合国家或行业标准的要求

《金属非金属矿山安全规程》（GB 16423—2006）中第6.4.2.1条规定："矿井应建立机械通风系统。矿井机械通风系统包括矿井通风网络、通风动力设备、矿井通风构筑物和其他通风控制设施。"

矿井未按照设计要求建立机械通风系统是指有下列情形之一的：

（1）未设置主通风机。

（2）主通风机未按规定配备具有相同型号和规格的备用电动机，或配备了但没有能迅速调换电动机的设施。

（3）主通风机风量低于设计要求。

（4）主通风机正常情况下未连续运转，或者发生故障、需要停机检查时，未立即向调度室和主管矿长报告、未通知所有井下作业人员。

（5）多级机站通风的未按设计设置各级风机站。

（6）主要通风机为离心式风机，未设置专用的反风巷道。

《金属非金属矿山安全规程》（GB 16423—2006）、《金属非金属地下矿山通风技术规范通风系统》（AQ 2013.1—2008）、《金属非金属地下矿山通风技术规范　通风系统鉴定指标》（AQ 2013.5—2008）对矿井中作业地点的风速、风量、风质做出了明确的要求。

风速、风量、风质不符合国家或行业标准要求是指有下列情形之一的：

（1）风量（风速）合格率低于60%。

（2）风质合格率低于90%。

（3）作业环境空气质量合格率低于65%。

（4）有效风量率低于60%。

（二十一）未配齐具有矿用产品安全标志的便携式气体检测报警仪和自救器

《金属非金属地下矿山监测监控系统建设规范》（AQ 2031—2011）第5.1条对便携式气体检测报警仪的配备有如下规定："（1）地下矿山应配置足够的便携式气体检测报警仪（每个班组至少配备一台）。（2）便携式气体检测报警仪应能测量一氧化碳、氧气、二氧化氮浓度，并具有报警参数设置和声光报警功能。"

《金属非金属地下矿山紧急避险系统建设规范》（AQ 2033—2011）第4.1条和第4.2条对自救器的配音有如下的规定："（1）应为入井人员配备额定防护时间不少于30 min的自救器，并按入井总人数的10%配备备用自救器。（2）所有入井人员必须随身携带自救器。"

《金属非金属地下矿山监测监控系统建设规范》（AQ 2031—2011）第4.11条和《金属非金属地下矿山紧急避险系统建设规范》（AQ 2033—2011）第4.8条分别规定，便携式气体检测报警仪和自救器应具有矿用产品安全标志。

便携式气体检测报警仪和自救器配备与上述规定不符的，即为重大生产安全事故隐患。

（二十二）提升系统的防坠器、阻车器等安全保护装置或者信号闭锁措施失效；未定期试验或者检测检验

竖井和斜井提升系统的安全保护装置、电气闭锁和联锁装置与提升机、罐笼、矿车等设备的运行密切相关，一旦这些系统或装置失去功能，极易造成坠罐、矿车坠井、跑车等事故，导致群死群伤，后果极其严重。

竖井提升系统应按照《金属非金属矿山安全规程》（GB 16423—2006）第6.3.5.10条设置保护与电气闭锁装置，按照第6.3.5.11条设置类保护和联锁装置，按照第6.3.3.21条和第6.3.2.22条设置过卷保

护装置、过卷挡梁和楔形罐道等，按照《罐笼安全技术要求》（GB 16542—2010）第4.5.1条设置防坠器。

斜井提升系统应按照《金属非金属矿山安全规程》（GB 16423—2006）第6.3.2.2条、第6.3.2.6条规定，设置断绳保护器、连接装置、保险链、阻车器、挡车栏、常闭式防跑车装置等安全装置。

提升系统的提升装置、各种安全保护装置、闭锁联锁系统及装置等应按照要求由有资质的检测检验机构按规定的周期进行定期试验或者检测检验：

1. 在用缠绕式提升机、摩擦式提升机和提升绞车应分别按《金属非金属矿山在用缠绕式提升机安全检测检验规范》（AQ 2020—2008）、《金属非金属矿山在用摩擦式提升机安全检测检验规范》（AQ 2021—2008）和《金属非金属矿山在用提升绞车安全检测检验规范》（AQ 2022—2008）的规定进行定期检验，检验周期应符合第7.1条和第7.2条规定："（1）用于载人的提升机、提升绞车每年一次，其他3年至少一次；（2）有下列情况之一时，再次进行检验：①新安装、大修后投入使用前；②闲置时间超过一年，重新投入使用前；③经过重大自然灾害可能使结构件强度、刚度、稳定性受到损坏的提升机和提升绞车使用前。"

2. 在用矿用电梯应按《金属非金属矿山在用矿用电梯安全检验规范》（AQ 2058—2016）规定进行定期检验，检验周期应符合第6.1.1条规定："矿用电梯定期检验的周期为一年，出现下列情况之一时，应进行检验：（1）发生自然灾害或者设备事故而使其安全技术性能受到影响，再次使用前；（2）停止使用一年以上的矿用电梯，再次使用前"。

3. 提升钢丝绳应按《金属非金属矿山提升钢丝绳检验规范》（AQ 2026—2010）进行检验，检验周期按《金属非金属矿山安全规程》（GB 16423—2006）第6.3.4.2条规定：①升降人员或升降人员和物料用的钢丝绳，自悬挂时起，每隔 6 个月检验一次；有腐蚀气体的矿山，每隔 3 个月检验一次；②升降物料用的钢丝绳，自悬挂时起，第一次检验的间隔时间为一年，以后每隔六个月检验一次；③悬挂吊盘用的钢丝绳，自悬挂时起，每隔一年检验一次。

4. 竖井提升系统使用中的防坠器应符合《金属非金属矿山安全规程》（GB 16423—2006）第 6.3.4.12 条规定："在用竖井罐笼的防坠器，每半年应进行一次清洗和不脱钩试验，每年进行一次脱钩试验"；检验周期应符合《金属非金属矿山竖井提升系统防坠器安全性能检测检验规范》（AQ 2019—2008）第 8.1 条规定："安装使用的防坠器的定期检验周期为一年。"

5. 在用斜井人车应按《矿山在用斜井人车安全性能检验规范》（AQ 2028—2010）规定进行定期检验，定期检验周期应符合第 8.1 条规定："在用斜井人车的定期检验周期为一年。"

提升系统的防坠器、阻车器等安全保护装置或者信号闭锁措施失效的，未定期试验或者检测检验的，即为重大生产安全事故隐患。

（二十三）一级负荷没有采用双回路或双电源供电，或者单一电源不能满足全部一级负荷需要

对于中断供电将会危及人员生命安全及在经济上造成重大损失的用电负荷均属一级负荷。根据《矿山电力设计规范》（GB 50070—2009）第 3.0.1 条，金属非金属矿山一级负荷主要包括：①井下有淹没危险环境矿井的主排水泵及下山开采采区的采区排水泵；②井下有爆炸或对人体健康有严重损害危险环境矿井的主通风机；③矿井经常升降人员的立井提升机；④有淹没危险环境露天矿采矿场的排水泵或用井巷排水的排水泵；⑤根据国家或行业现行有关标准规定应视为一级负荷的其他设备。

双回路供电也叫两回电源线路供电，是指两回电源线路中的任一回中断供电时，其余电源线路宜保证供给全部一级负荷电力需求。双回路

应符合下列条件之一：（1）两个供电电源、线路之间相互独立、无联系。（2）当两个电源、线路之间有联系时，应符合：①在发生任何一种故障时，两个或两个以上的电源、线路不得同时受到损坏；②在发生任何一种故障且保护动作正常时，至少应有一个电源、线路不中断供电；③在发生任何一种故障且主保护失灵，以至所有电源、线路都中断供电时，应能有人在值班的处所完成必要的操作，并迅速恢复一个电源、线路的供电。

双电源供电也叫双重电源供电，是指当一电源中断供电，另一电源不应同时受到损坏，且电源容量应至少保证矿山企业全部一级负荷电力需求。双电源供电包括：①分别来自不同电网的电源；②一电源为国家电网供电，另一电源为自备电源；③来自同一电网但在运行时电路互相之间联系很弱；④来自同一个电网但其间的电气距离较远，一个电源系统任意一处出现异常运行时或发生短路故障时，另一个电源仍能不中断供电。

《矿山电力设计规范》（GB 50070—2009）第3.0.3条规定："有一级负荷的矿山企业应由双重电源供电，当一电源中断供电，另一电源不应同时受到损坏，且电源容量应至少保证矿山企业全部一级负荷电力需求，并宜满足大型矿山企业二级负荷电力需求。"

一级负荷没有采用双回路或双电源供电的，或者单一电源不能满足全部一级负荷需要的，即为重大生产安全事故隐患。

（二十四）地面向井下供电的变压器或井下使用的普通变压器采用中性接地

低压供电系统接地一般有两种方式，一种是将配电变压器的中性点通过金属接地体与大地相接，称中性点接地；另一种是中性点与大地绝缘，称中性点不接地。中性点直接接地系统的单相接地故障电流较大，热效应也会导致发生次生事故，对井下安全十分不利。

《金属非金属矿山安全规程》（GB 16423—2006）第6.5.1.4条规

定："井下电气设备不应接零。井下应采用矿用变压器，若用普通变压器，其中性点不应直接接地，变压器二次侧的中性点不应引出载流中性线（N线）。地面中性点直接接地的变压器或发电机，不应用于向井下供电。"

地面向井下供电的变压器采用中性点接地的，或者井下使用的普通变压器采用中性接地的，即为重大生产安全事故隐患。

二、金属非金属露天矿山重大生产安全事故隐患

（一）地下转露天开采，未探明采空区或者未对采空区实施专项安全技术措施

地下矿山转露天开采，原有地下矿山采空区可能不明。如果未探明采空区，并采取专项的安全技术措施即进行作业，往往造成人员和设备掉进采空区事故的发生。

《金属非金属矿山安全规程》（GB 16423—2006）第5.2.6.4条规定："地下开采改为露天开采时，应将全部地下巷道、采空区和矿柱的位置，绘制在矿山平、剖面对照图上。地下巷道和采空区的处理方法，应在设计中确定。"

地下转露天开采，未探明采空区的，或者未对采空区实施专项安全技术措施的，即为重大生产安全事故隐患。

（二）使用国家明令禁止使用的设备、材料和工艺

露天矿山存在使用国家安全监管总局明令禁止使用的设备、材料和工艺，即为重大生产安全事故隐患。目前，国家安全监管总局发布了《关于发布金属非金属矿山禁止使用的设备及工艺目录（第二批）的通知》（安监总管一〔2015〕13号），规定对露天矿山七类设备、材料和工艺禁止使用。

（三）未采用自上而下、分台阶或者分层的方式进行开采

《小型露天采石场安全管理与监督检查规定》（国家安全监管总局

令第 39 号）第十五条规定："小型露天采石场应当采用台阶式开采。不能采用台阶式开采的，应当自上而下分层顺序开采。"

除小型露天采石场以外的露天矿山外，都应遵守《金属非金属矿山安全规程》（GB 16423—2006）第5.1.2 条规定："露天开采应遵循自上而下的开采顺序，分台阶开采，并坚持'采剥并举，剥离先行'的原则。"

小型露天采石场未采用自上而下分台阶式开采或者自上而下分层顺序开采，以及除小型露天采石场以外的露天矿山未采用自上而下分台阶的方式进行开采的，即为重大安全生产事故隐患。

（四）工作帮坡角大于设计工作帮坡角，或者台阶（分层）高度超过设计高度

工作帮坡角过大，台阶（分层）高度超过设计高度均会降低台阶或边坡的稳定性，易发生边坡滑坡甚至坍塌事故。

工作帮坡角是指露天矿工作帮最上一个台阶坡底线和最下一个台阶坡底线所构成的假象坡面与水平的夹角。台阶高度指的是并段后的台阶高度。分层高度指小型露天采石场开采时分层的高度。《小型露天采石场安全管理与监督检查规定》（国家安全监管总局令　第 39 号）第十五条规定："分层开采的分层高度由设计确定，实施浅孔爆破作业时，分层数不得超过 6 个，最大开采高度不得超过 30 m；实施中深孔爆破作业时，分层高度不得超过 20 m，分层数不得超过 3 个，最大开采高度不得超过 60 m"。

工作帮坡角大于设计工作帮坡角的，或者台阶（分层）高度超过设计高度的，即为重大生产安全事故隐患。

（五）擅自开采或破坏设计规定保留的矿柱、岩柱和挂帮矿体

设计保留的矿柱、岩柱、挂帮矿体，是为了预防矿山各种工程地质和水文地质灾害，保护建筑物和工业场地安全，防止地表移动和下沉，确保矿山开采安全高效地进行而留设的。任意开采或破坏矿柱、岩柱、

挂帮矿体，导致其承载能力下降，极易引发大面积滑坡和塌陷事故，影响建筑物和工业场地的安全，甚至造成重大人员伤亡事故。

《金属非金属矿山安全规程》（GB 16423—2006）第5.1.3条规定："设计规定保留的矿（岩）柱、挂帮矿体，在规定的期限内，未经技术论证不应开采或破坏。"

擅自开采或破坏设计规定保留的矿柱、岩柱和挂帮矿体的，即为重大生产安全事故隐患。

（六）未按国家标准或者行业标准对采场边坡、排土场稳定性进行评估

采场边坡、排土场稳定性是生产过程中不可忽视的问题，一旦采场边坡、排土场的稳定性达不到要求，往往容易边坡、排土场垮塌、滑坡等事故的发生，造成人员伤亡。

《金属非金属矿山安全规程》（GB 16423—2006）第5.2.5.11条规定："大、中型矿山或边坡潜在危害性大的矿山，应每5年由有资质的中介机构进行一次检测和稳定性分析；排土场应由有资质条件的中介机构，每5年进行一次检测和稳定性分析。"

采场边坡、排土场未定期按照上述规定委托有资质的中介机构进行稳定性评估的，即为重大生产安全事故隐患。

（七）高度200 m及以上的边坡或排土场未进行在线监测

国家安全监管总局《关于印发非煤矿山领域遏制重特大事故工作方案的通知》（安监总管一〔2016〕60号）中要求：边坡高度200 m以上的露天矿山高陡边坡、堆置高度200 m以上的排土场，必须进行在线监测。

高度200 m及以上的边坡或排土场可参照《非煤露天矿边坡工程技术规范》（GB 51016—2014）进行在线监测。设计中对高度超过200 m（含）的边坡或排土场进行了在线监测设计，则应依据设计安装在线监测系统。

高度 200 m 及以上的边坡或排土场未建设在线监测或者运行不正常的，即为重大生产安全事故隐患。

（八）边坡存在滑移现象

边坡滑坡事故往往造成人员伤亡，设备损毁，生产系统破坏。

不同类型、不同性质、不同特点的露天边坡滑坡，在滑动之前，均会表现出不同的异常（滑移）现象，显示出滑坡的预兆（前兆），发生下列情况均可认为边坡存在滑移现象：

（1）边坡出现横向及纵向放射状裂缝。

（2）坡体前缘坡脚处，出现上隆（凸起）现象，后缘的裂缝急剧扩展。

（3）边坡岩（土）体出现小型崩塌和松弛现象。

（4）位移观测资料显示的水平位移量或垂直位移量出现加速变化的趋势。

边坡存在滑移现象的，即为重大生产安全事故隐患。

（九）上山道路坡度大于设计坡度 10% 以上

露天矿上山道路一般承担着矿山的人员、设备运输、检修、消防安全通道的作用。上山道路在设计中一般以行驶安全、稳定为主，在设计时综合考虑了车辆型号、坡长等因素。增大坡度角度将给车辆的安全行驶带来重大的隐患。

上山道路坡度大于设计坡度 10% 以上的，即为重大生产安全事故隐患。

（十）封闭圈深度 30 m 及以上的凹陷露天矿山，未按照设计要求建设防洪、排洪设施

深凹陷露天矿山，遇到强降雨等极端天气时，防洪排洪设施不完善往往严重威胁露天矿山人员、设备和边坡安全。

《金属非金属矿山安全规程》（GB 16423—2006）第 5.1.4 条规定："露天矿山，尤其是深凹露天矿山，应设置专用的防洪、排洪设施。"

防洪、排洪设施主要包括截水沟、拦河护堤、泄水井巷或钻孔、集水坑（水仓）、管网系统、排水设备等。

封闭圈深度30 m及以上的凹陷露天矿山，未按照设计要求建设防洪、排洪设施的，即为重大生产安全事故隐患。

（十一）雷雨天气实施爆破作业

在雷雨天气，雷击、静电感应、电磁感应等可能造成早爆等事故，从而造成人员伤亡。

《爆破安全规程》（GB 6722—2014）第6.1.3条规定："遇到雷电、暴雨雪来临时，应停止爆破作业。"

爆破作业指的是装药、填塞、起爆网路敷设与连接、起爆。雷雨天气雷电会引起直接雷击、静电感应、电磁感应等。

雷雨天气实施爆破作业的，即为重大生产安全事故隐患。

（十二）危险级排土场

《金属非金属矿山安全规程》（GB 16423—2006）第5.7.25条规定，有下列现象之一的排土场为危险级排土场：

（1）在坡度大于1∶5的地基上顺坡排土，或在软地基上排土，未采取安全措施，经常发生滑坡的。

（2）易发生泥石流的山坡排土场，下游有采矿场、工业场地（厂区）、居民点、铁路、道路、输电网线和通讯干线、耕种区、水域、隧道涵洞、旅游景区、固定标志及永久性建筑等设施，未采取切实有效的防治措施的。

（3）排土场存在重大危险源（如道路运输排土场未建安全车挡，铁路运输排土场铁路线顺坡和曲率半径小于规程最小值等），极易发生车毁人亡事故的。

（4）山坡汇水面积大而未修筑排水沟或排水沟被严重堵塞。

（5）经验算，用余推力法计算的安全系数小于1.0的。

《有色金属矿山排土场设计规范》（GB 50421—2007）第4.0.2条

和《冶金矿山排土场设计规范》（GB 51119—2015）第5.4.1条都规定：矿山居住区、村镇、工业场地等的安全距离为大于等于排土场的2倍高度；排土场下游指排土场高度2倍的范围。

排土场为危险级的，即为重大生产安全事故隐患。

三、尾矿库重大生产安全事故隐患

（一）库区和尾矿坝上存在未按批准的设计方案进行开采、挖掘、爆破等活动

在库区乱采、滥挖、非法爆破有可能造成周边山体滑坡、坍塌，滑坡体进入尾矿库，致使库内水位上升，还有可能冲击坝体，从而造成尾矿库溃坝；或者由于山体滑坡，原有山体承受力降低，造成尾矿库溃坝。在尾矿坝上未按批准的设计方案进行开采、挖掘、爆破等活动不仅会直接损坏坝体导致溃坝，还可能会引起坝体液化而导致溃坝。

《尾矿库安全技术规程》（AQ 2006—2005）第6.7.2条规定："严禁在库区和尾矿坝上进行乱采、滥挖、非法爆破等。"《尾矿库安全监督管理规定》（国家安全监管总局令 第38号）第二十六条要求："未经生产经营单位进行技术论证并同意，以及尾矿库建设项目安全设施设计原审批部门批准，任何单位和个人不得在库区从事爆破、采砂、地下采矿等危害尾矿库安全的作业。"

库区和尾矿坝上存在未按批准的设计方案进行开采、挖掘、爆破等活动的，即为重大生产安全事故隐患。

（二）坝体出现贯穿性横向裂缝，且出现较大范围管涌、流土变形，坝体出现深层滑动迹象

横向裂缝是指裂缝的走向与坝轴线垂直或斜交。管涌是指尾砂细颗粒在粗颗粒形成的空隙中流动、以至流失，逐渐形成管形通道；流土变形是在渗透作用下，当向上的渗透力大于尾砂的有效重度时，尾砂处于悬浮状态，局部坝体隆起、浮动或尾砂粒群同时发生移动而流失的现

象。坝体深层滑动是指尾矿库坝体内部发生剧烈变形，可能引发整个坝体移动、坍塌、失稳。

《尾矿库安全技术规程》（AQ 2006—2005）第 8.2 条明确规定，"坝体出现贯穿性横向裂缝，且出现较大范围管涌、流土变形，坝体出现深层滑动迹象"是判断尾矿库属于危库的工况之一。

坝体出现贯穿性横向裂缝，且出现较大范围管涌、流土变形，坝体出现深层滑动迹象的，即为重大生产安全事故隐患。

（三）坝外坡坡比陡于设计坡比

坝外坡坡比指的是尾矿坝的垂直高度与水平宽度的比值。坝外坡坡比是根据尾砂力学参数计算坝体渗流稳定和抗滑稳定获得的，由设计确定。坝外坡坡比一旦变小，坝体渗流和抗滑稳定就会降低，可能导致渗流破坏而溃坝。

《尾矿库安全技术规程》（AQ 2006—2005）第 6.3.2 条规定："尾矿坝堆积坡比不得陡于设计规定。"

坝外坡坡比陡于设计坡比的，即为重大生产安全事故隐患。

（四）坝体超过设计坝高，或者超设计库容储存尾矿

尾矿库坝体超过设计坝高或超设计库容储存尾矿极易造成尾矿坝失稳，从而导致溃坝事故。

《尾矿库安全监督管理规定》（国家安全监管总局令 第 38 号）第二十七条和第二十八条规定："（1）尾矿库运行到设计最终标高或者不再进行排尾作业的，应当在一年内完成闭库。特殊情况不能按期完成闭库的，应当报经相应的安全生产监督管理部门同意后方可延期，但延长期限不得超过 6 个月。（2）尾矿库运行到设计最终标高的前 12 个月内，生产经营单位应当进行闭库前的安全现状评价和闭库设计，闭库设计应当包括安全设施设计，并编制安全专篇。"

若需要加高扩容，属于扩建建设项目，按照《建设项目安全设施"三同时"监督管理办法》（国家安全监管总局令 第 36 号）第七条、

第十条、第十二条、第十四条和第二十三条规定：建设项目在进行可行性研究时，生产经营单位应当按照国家规定，进行安全预评价；在建设项目初步设计时，应当委托有相应资质的初步设计单位对建设项目安全设施同时进行设计，编制安全设施设计；安全设施设计应按照规定报经安全生产监督管理部门审查同意，未经审查同意的，不得开工建设；建设项目竣工投入生产或者使用前，生产经营单位应当组织对安全设施进行竣工验收，并形成书面报告备查。

坝体超过设计坝高的，或者超设计库容储存尾矿的，即为重大生产安全事故隐患。

（五）尾矿堆积坝上升速率大于设计堆积上升速率

坝体上升速度过快，堆积坝体内的水无法排出，造成坝体无法充分固结，渗流破坏的概率增大，降低了坝体稳定性，严重的导致溃坝。

尾矿堆积坝上升速率大于设计堆积上升速率的，即为重大生产安全事故隐患。

（六）未按法规、国家标准或者行业标准对坝体稳定性进行评估

《尾矿库安全监督管理规定》（国家安全监管总局令 第38号）第十九条规定：“（1）尾矿库应当每三年至少进行一次安全现状评价。安全现状评价应当符合国家标准或者行业标准的要求。尾矿库安全现状评价工作应当有能够进行尾矿坝稳定性验算、尾矿库水文计算、构筑物计算的专业技术人员参加。（2）上游式尾矿坝堆积至二分之一至三分之二最终设计坝高时，应当对坝体进行一次全面勘察，并进行稳定性专项评价。”

《尾矿设施设计规范》（GB 50863—2013）第4.4.1条规定：“三等及三等以下的尾矿库在尾矿坝堆置1/2～2/3最终设计总坝高时，一等及二等尾矿库在尾矿坝堆至1/3～1/2最终设计总坝高时，应对坝体进行全面的工程地质和水文地质勘察；……根据勘察结果，由设计单位对尾矿坝做全面论证，以验证最终坝体的稳定性和确定后期的处理措施”。

未按照上述规定，对坝体稳定性进行评估的，即为重大生产安全事故隐患。

（七）浸润线埋深小于控制浸润线埋深

尾矿库的浸润线为尾矿库的生命线，浸润线的埋深与尾矿库的稳定性有着密切的关系。当浸润线埋深小于控制浸润线埋深时，尾矿库的渗流稳定性和抗滑安全系数均小于设计值，易发生渗流破坏造成坝体失稳，从而导致溃坝。

《尾矿设施设计规范》（GB 50863—2013）第4.3.5条规定："尾矿坝的渗流控制措施必须确保浸润线低于控制浸润线"。

浸润线埋深小于控制浸润线埋深的，即为重大生产安全事故隐患。

（八）安全超高和干滩长度小于设计规定

设计给定的安全超高和干滩长度，是为确保坝体稳定和尾矿库安全，经调洪演算后确定的，当尾矿库的安全超高和干滩长度小于设计时，可能造成渗流破坏导致溃坝，也有可能导致子坝直接挡水、引发洪水漫顶而溃坝。

《尾矿库安全技术规程》（AQ 2006—2005）第8.2条明确规定，"尾矿库调洪库容严重不足，在设计洪水位时，安全超高和最小干滩长度都不满足设计要求，将可能出现洪水漫顶"是判断尾矿库属于危库的工况之一。

安全超高和干滩长度小于设计规定的，即为重大生产安全事故隐患。

（九）排洪系统构筑物严重堵塞或者坍塌，导致排水能力急剧下降

排洪系统通常由进水构筑物和输水构筑物两部分组成。进水构筑物主要有排水井、排水斜槽等；输水构筑物主要有排水管、隧洞、排水斜槽等。排洪系统构筑物严重堵塞，坍塌包括进水构筑物和输水构筑物两个方面。

《尾矿库安全技术规程》（AQ 2006—2005）明确规定，"排洪系统

严重堵塞或坍塌，不能排水或排水能力急剧降低"和"排水井显著倾斜，有倒塌的迹象"是判断尾矿库属于危库的工况。

排洪系统构筑物严重堵塞、坍塌，导致排水能力急剧下降，是指具有下列情形之一的，即为重大生产安全事故隐患：

（1）排水井、排水斜槽等进水口严重堵塞。

（2）排水井显著倾斜，有倒塌的迹象。

（3）排水斜槽、排水管出现塌陷导致严重堵塞，或者基础沉陷错位致使漏沙严重。

（4）隧洞出现塌方导致严重堵塞，或者断裂致使漏沙严重。

（十）设计以外的尾矿、废料或者废水进库

不同的尾矿物理性质不一样，设计以外的尾矿、废料和废水进库后，不但造成尾矿沉积规律发生变化，渗透系数随之改变，还易存在软弱夹层，坝体渗流稳定无法得到保障，坝体易因渗流破坏而溃坝。同时，超量排放也可能造成堆积坝上升速率大于设计速率。

《尾矿库安全监督管理规定》（国家安全监管总局令 第38号）第十八条规定：对生产运行的尾矿库，未经技术论证和安全生产监督管理部门的批准，任何单位和个人不得对设计以外的尾矿、废料或者废水进库等进行变更。

设计以外的尾矿、废料或者废水进库的，即为重大生产安全事故隐患。

（十一）多种矿石性质不同的尾砂混合排放时，未按设计要求进行排放

多种矿石性质不同的尾砂混合排放时，设计会给定混合比例、不同矿石尾砂的排放方式（坝前排放、周边排放、库尾排放）、排放浓度、支管排放流量。未按设计排放，造成尾矿沉积规律发生变化，渗透系数也随之而改变，同时，易存在软弱夹层，坝体渗流稳定无法得到保障，坝体易因渗流破坏而溃坝。

种矿石性质不同的尾砂混合排放时，未按设计要求进行排放的，即为重大生产安全事故隐患。

（十二）冬季未按照设计要求采用冰下放矿作业

冰下放矿作业是指将放矿管直接插入水面区冰盖以下集中放矿。本条主要是针对在我国东北、华北、西北及青藏高原等严寒地区的上游式筑坝尾矿库。冬季未在冰下放矿作业，易引起浸润线抬升或逸出、坝体突然出现融陷、尾砂强度参数迅速降低，进而导致尾矿库溃坝。

冬季未按照设计要求采用冰下放矿作业的，即为重大生产安全事故隐患。

《煤矿安全培训规定》解读

为贯彻落实《安全生产法》、国务院有关取消和下放行政审批项目的文件精神，进一步规范煤矿安全培训工作，提高煤矿企业从业人员安全素质，国家安全监管总局、国家煤矿安监局组织修订了《煤矿安全培训规定》（国家安全监管总局令　第92号，以下简称《规定》）。

一、为什么要进行修订

一是贯彻落实《安全生产法》和国务院决定的需要。近年来，新《安全生产法》和国务院有关取消下放行政审批项目的决定（国发〔2013〕19号、国发〔2015〕11号），先后取消了"安全培训机构资格认可"和"煤矿主要负责人和安全生产管理人员的安全资格认定"两项行政许可，现行《规定》已不能适应国家安全生产改革发展的需要。

二是适应煤矿安全培训实际工作的需要。在传统的培训模式下，政府部门的指令性培训比较多，煤矿企业自主培训偏少，安全培训重形式、轻效果的问题较为突出，因此，通过修订《规定》，进一步强化企业落实从业人员安全培训主体责任，提升安全培训工作的针对性、有效性。

二、修订的主要思路

一是突出依法行政。《规定》明确了煤矿安全培训管理工作的具体职责、内容和要求，以及监管部门对其进行事中、事后监管的具体事项，确保了监督检查于法有据。

二是突出企业培训主体责任。《规定》明确了煤矿企业安全培训主体责任的具体内容，通过强化和落实煤矿企业安全培训主体责任，充分调动和发挥企业安全培训的积极性和主动性，推动煤矿企业安全培训到位。

三是突出完整性和适用性。对《生产经营单位安全培训规定》《安全生产培训管理办法》《特种作业人员安全技术培训考核管理规定》等3个部门规章中适用于煤矿的内容进行整合优化，纳入《规定》中。明确了煤矿不同层级从业人员的安全培训及考核要求，形成煤矿安全培训考核工作的"一本通"，更加有针对性地指导煤矿安全培训工作。

三、修订的主要内容

《规定》由原七章四十六条调整为八章五十条，重点对以下几个方面的内容进行了修订：

一是理顺了煤矿安全培训管理体制。目前部分省份煤矿企业"三项岗位人员"安全培训工作分别由两个部门负责，给煤矿企业造成了负担，为落实国务院行政审批制度改革精神，理顺煤矿安全培训管理体制，《规定》中明确：省、自治区、直辖市人民政府负责煤矿安全培训的部门负责指导、管理和监督本行政区域内煤矿企业从业人员的安全培训工作，煤矿安全监察机构对本行政区域内安全培训工作实施监察。

二是突出了煤矿企业安全培训主体责任。《规定》增加了"安全培训的组织与管理"章节，明确了煤矿企业应当明确安全培训工作的机构、配备安全培训管理人员、建立培训制度、制定培训计划、保障培训经费、具备培训条件、建立健全培训档案等安全培训主体责任，规范煤矿企业安全培训行为。

三是提高了煤矿企业从业人员准入条件。一是将煤矿矿长、副矿长、总工程师、副总工程师以及安全生产管理机构负责人任职条件，实行统一标准，不再按煤矿生产能力进行划分，即新任职的所有煤矿矿长、副矿长、总工程师、副总工程师应当具备煤矿相关专业大专及以上学历，具有3年以上煤矿相关工作经历；煤矿安全生产管理机构负责人应当具备煤矿相关专业中专及以上学历，具有 2 年以上煤矿安全生产相关工作经历。二是自 2018 年 6 月 1 日起新上岗的煤矿特种作业人员应当具备高中及以上文化程度。

四是改进了煤矿主要负责人和安全生产管理人员培训考核工作。《安全生产法》第二十四条规定：高危企业主要负责人和安全生产管理人员，应当由有关主管部门对其安全生产知识和管理能力考核合格。为落实上述规定，《规定》中细化了煤矿企业主要负责人和安全生产管理人员的考核对象、考核内容、考核程序等内容。同时，考虑新《安全生产法》没有规定上述人员考核前必须参加专门的安全培训，为此《规定》在保留每 3 年考核一次的基础上，取消了必须经过培训方可参加考核的强制性要求。

五是规范了特种作业人员的考核发证工作。《特种作业人员安全技术培训考核管理规定》（国家安全监管总局令 第 30 号）规定：特种作业操作证有效期为 6 年，每 3 年复审 1 次。为了规范行政许可工作，减轻企业负担，《规定》中取消了对煤矿特种作业人员每 3 年复审 1 次的要求。

六是强化了安全培训事中事后监管。在主要负责人和安全生产管理人员资格认定、培训机构资格认可行政审批取消的情况下，为保证培训效果，在监督管理章节中增加了煤矿安全培训主管部门和煤矿安全监察机构的监督管理职责相关内容，加强对煤矿企业落实安全培训主体责任的监督检查，增强对煤矿安全培训工作的事中事后监管力度，促进煤矿企业安全培训主体责任的落实。

七是取消了从业人员年龄和健康规定的相关条款。从业人员年龄和健康条件在《劳动法》中有较为系统的规定和要求，因此，在此不再重复规定。

四、关于部分条款的解释

为便于煤矿企业和煤矿安全监管监察部门准确理解、掌握和使用

《煤矿安全培训规定》（国家安全监管总局令 第92号），现将部分条款说明如下：

1. 第二条本规定所称煤矿企业，是指在依法批准的矿区范围内从事煤炭资源开采活动的企业，包括集团公司、上市公司、总公司、矿务局、煤矿。

本条中所称煤矿包括建设煤矿和生产煤矿。

2. 第三条第二款省、自治区、直辖市人民政府负责煤矿安全培训的主管部门（以下简称省级煤矿安全培训主管部门）负责指导和监督管理本行政区域内煤矿企业从业人员安全培训工作。

本款中的"煤矿安全培训的主管部门"是指由省、自治区、直辖市人民政府指定的负责本行政区域内煤矿企业主要负责人、安全生产管理人员和特种作业人员安全培训管理工作的部门。

3. 第六条煤矿企业应当建立完善安全培训管理制度，制定年度安全培训计划，明确负责安全培训工作的机构，配备专职或者兼职安全培训管理人员，按照国家规定的比例提取教育培训经费。其中，用于安全培训的资金不得低于教育培训经费总额的百分之四十。

本条中的"制定年度安全培训计划"是指煤矿企业主要负责人按照《安全生产法》第十八条规定，组织制定并实施本单位安全生产教育和培训计划；"按照国家规定的比例提取教育培训经费"是指按照《国务院关于推进职业教育改革与发展的决定》（国发〔2002〕16号）规定的比例提取教育培训经费。

4. 第八条第二款煤矿企业从业人员安全培训档案应当按照《企业文件材料归档范围和档案保管期限规定》（国家档案局令 第10号）保存。

煤矿企业从业人员安全培训档案记录了煤矿从业人员接受安全培训考核、安全生产违规违章行为等重要信息，是证明煤矿从业人员参加安全培训的重要材料，应按照《企业文件材料归档范围和档案保管期限规定》中"企业职工培训工作文件材料重要的要保管 30 年"的规定执行，安全培训档案可为书面档案，也可为电子档案。

5. 第十条第一款本规定所称煤矿企业主要负责人，是指煤矿企业的董事长、总经理，矿务局局长，煤矿矿长等人员。

本款中的"煤矿企业主要负责人"是指煤矿企业的法定代表人，如公司制企业的董事长、执行董事或者总经理，非公司制企业的总经理；合伙企业、个人独资企业负责执行生产经营业务的人或投资人等实际控制人；矿务局局长、煤矿矿长等。

6. 第十条第二款本规定所称煤矿企业安全生产管理人员，是指煤矿企业分管安全、采煤、掘进、通风、机电、运输、地测、防治水、调度等工作的副董事长、副总经理、副局长、副矿长，总工程师、副总工程师和技术负责人，安全生产管理机构负责人及其管理人员，采煤、掘进、通风、机电、运输、地测、防治水、调度等职能部门（含煤矿井、区、科、队）负责人。

本款中的"安全生产管理机构负责人"包括本机构的正职和副职，"安全生产管理机构管理人员"是指在本机构内直接从事安全生产管理工作的人员；采煤、掘进、通风、机电、运输、地测、防治水、调度等职能部门（含煤矿井、区、科、队）负责人，除部门正职以外，还包括部门副职和技术负责人。

7. 第十一条煤矿矿长、副矿长、总工程师、副总工程师应当具备煤矿相关专业大专及以上学历，具有三年以上煤矿相关工作经历。煤矿安全生产管理机构负责人应当具备煤矿相关专业中专及以上学历，具有二年以上煤矿安全生产相关工作经历。

本条规定的学历和工作经历条件，适用于自《煤矿安全培训规定》实施之日，即 2018 年 3 月 1 日起新任职人员。

8. 第十七条第一款煤矿企业主要负责人和安全生产管理人员应当自任职之日起六个月内通过考核部门组织的安全生产知识和管理能力考

核，并持续保持相应水平和能力。

本款中的"持续保持相应水平和能力"是指主要负责人和安全生产管理人员在任职6个月内考核合格后，考核部门按照抽考办法对其抽考考试或考核，仍达到合格要求。

9. 第十七条第二款煤矿企业主要负责人和安全生产管理人员应当自任职之日起三十日内，按照本规定第十六条的规定向考核部门提出考核申请，并提交其任职文件、学历、工作经历等相关材料。

本款中"按照本规定第十六条的规定向考核部门提出考核申请"是指煤矿企业按照《煤矿安全培训规定》第十六条规定提交主要负责人和安全生产管理人员的任职文件、学历、工作经历等相关材料，并对材料的真实性负责。

10. 第十九条第二款煤矿企业主要负责人和安全生产管理人员考试不合格的，可以补考一次；经补考仍不合格的，一年内不得再次申请考核。考核部门应当告知其所在煤矿企业或其任免机关调整其工作岗位。

本款指煤矿企业主要负责人和安全生产管理人员在任职六个月内参加安全生产知识和管理能力考核不合格，经补考仍不合格的，认定为不具备相应的安全生产知识和管理能力，考核部门应当书面告知其所在煤矿企业或其任免机关，由其所在企业或任免机关负责及时调整工作岗位。本款中的"一年内不得再次申请考核"是指调离原岗位之日起，一年内不得再次申请同类考核。

11. 第二十一条煤矿特种作业人员及其工种由国家安全生产监督管理总局会同国家煤矿安全监察局确定，并适时调整；其他任何单位或者个人不得擅自变更其范围。

煤矿特种作业操作资格属于国家行政许可，本条规定煤矿特种作业类别及工种由国家安监总局会同国家煤矿安监局确定，其他任何单位或者个人不得擅自扩大或缩小其范围，省级煤矿安全培训主管部门要严格按照国家安全生产监督管理总局和国家煤矿安全监察局确定的范围进行考核发证工作。

12. 第二十三条第二款省级煤矿安全培训主管部门负责本行政区域内煤矿特种作业人员的考核、发证工作，也可以委托设区的市级人民政府煤矿安全培训主管部门实施煤矿特种作业人员的考核、发证工作。

本款规定省级煤矿安全培训主管部门可以委托设区的市级人民政府煤矿安全培训主管部门具体实施煤矿特种作业人员的考核、发证工作，但仍应以省级煤矿安全培训主管部门名义颁发有关考核合格证明。

13. 第二十五条第二款已经取得职业高中、技工学校及中专以上学历的毕业生从事与其所学专业相应的特种作业，持学历证明经考核发证部门审核属实的，免予初次培训，直接参加资格考试。

本款规定取消了满足学历要求的毕业生从事与其所学专业相应的特种作业，必须经考核发证部门同意，方可免予初次考试的要求，该类毕业生的相关学历经考核发证部门审核属实的，可直接参加资格考试。

14. 第二十八条第一款特种作业操作证有效期六年，全国范围内有效。

本条规定取消了对煤矿特种作业人员每三年复审一次的要求，特种作业操作证有效期内不再进行复审。

15. 第三十五条第二款煤矿企业其他从业人员的初次安全培训时间不得少于七十二学时，每年再培训的时间不得少于二十学时。

本条中的“初次安全培训”和“每年再培训”是指脱产培训，不得以班前（后）会等形式代替。

16. 第三十六条煤矿企业新上岗的井下作业人员培训合格后，应当在有经验的工人师傅带领下，实习满四个月，并取得工人师傅签名的实习合格证明后，方可独立工作。

工人师傅一般应当具备中级工以上技能等级、三年以上相应工作经历和没有发生过违章指挥、违章作业、违反劳动纪律等条件。

本条规定新上岗的井下作业人员实习满四个月，并取得工人师傅签名的实习合格证明后，方可独立工作，目的是强化工人师傅的主体责任，同时增加工人师傅的条件，进一步规范了师带徒实习工作。

17. 第四十条考核部门应当建立煤矿企业安全培训随机抽查制度，制定现场抽考办法，加强对煤矿安全培训的监督检查。

考核部门对煤矿企业主要负责人和安全生产管理人员现场抽考不合格的，应当责令其重新参加安全生产知识和管理能力考核；仍考核不合格的，考核部门应当书面告知其所在煤矿企业或其任免机关调整其工作岗位。

本条规定考核部门应当建立抽查制度、制定抽考办法，强化现场抽考。一是考核部门要建立煤矿企业安全培训随机抽查制度，制定现场抽考办法，办法应包括抽考对象、抽考方式、抽考比例、抽考内容、抽考不合格人员的处理方式等，并对煤矿企业进行公布。二是考核部门应当依据制定的抽考办法，在监督检查中采取现场抽考的方式，检查主要负责人和安全生产管理人员是否能够持续保持相应的安全生产知识水平和管理能力，现场抽考不合格的主要负责人和安全生产管理人员要责令其重新参加安全生产知识和管理能力考核，仍考核不合格的，考核部门应当书面告知其所在煤矿企业或其任免机关调整其工作岗位。

《煤矿安全生产标准化考核定级办法（试行）》解读

第一条　为深入推进全国煤矿安全生产标准化工作，持续提升煤矿安全保障能力，根据《安全生产法》关于"生产经营单位必须推进安全生产标准化建设"的规定，制定本办法。

本条明确了制修订的依据。突出依法行政，明确《安全生产法》第四条关于"生产经营单位必须推进安全生产标准化建设"的规定，是这次制修订的唯一依据。

第二条　本办法适用于全国所有合法的生产煤矿。

本条明确了适用范围。即《定级办法》仅适用于生产煤矿。不涉及新建、技改（包括重组整合）等矿井。

第三条　考核定级标准执行《煤矿安全生产标准化基本要求及评分方法》（以下简称《评分方法》）。

本条明确了考核定级的执行标准。

第四条　申报安全生产标准化等级的煤矿必须同时具备《评分方法》设定的基本条件，有任一条基本条件不能满足的，不得参与考核定级。

本条明确了申报标准化等级的煤矿必须达到的"基本条件"。即申请标准化等级的煤矿必须同时具备修订后的《评分办法》"总则"部分设定的4项基本条件，只要有一个条件不符合，该矿井即失去参与考核定级的资格，也就是设定了煤矿能否参与考核定级的否决项。

第五条　煤矿安全生产标准化等级分为一级、二级、三级3个等次，所应达到的标准为：

一级：煤矿安全生产标准化考核评分 90 分以上（含，以下同），井工煤矿安全风险分级管控、事故隐患排查治理、通风、地质灾害防治与测量、采煤、掘进、机电、运输部分的单项考核评分均不低于 90 分，其他部分的考核评分均不低于 80 分，正常工作时单班入井人数不超过 1000 人、生产能力在 30 万吨/年以下的矿井单班入井人数不超过 100 人；露天煤矿安全风险分级管控、事故隐患排查治理、钻孔、爆破、边坡、采装、运输、排土、机电部分的考核评分均不低于 90 分，其他部分的考核评分均不低于 80 分。

二级：煤矿安全生产标准化考核评分 80 分以上，井工煤矿安全风险分级管控、事故隐患排查治理、通风、地质灾害防治与测量、采煤、掘进、机电、运输部分的单项考核评分均不低于 80 分，其他部分的考核评分均不低于 70 分；露天煤矿安全风险分级管控、事故隐患排查治理、钻孔、爆破、边坡、采装、运输、排土、机电部分的考核评分均不低于 80 分，其他部分的考核评分均不低于 70 分。

三级：煤矿安全生产标准化考核评分 70 分以上，井工煤矿事故隐患排查治理、通风、地质灾害防治与测量、采煤、掘进、机电、运输部分的单项考核评分均不低于 70 分，其他部分的考核评分均不低于 60 分；露天煤矿安全风险分级管控、事故隐患排查治理、钻孔、爆破、边坡、采装、运输、排土、机电部分的考核评分均不低于 70 分，其他部分的考核评分均不低于 60 分。

本条规定了 3 个等级的达标标准。一是与修订后的《评分办法》增设了"风险分级管控"和"隐患排查治理"两部分内容保持一致，在各个等级的达标指标上分别增加了对 2 个新增部分的分值要求：一级矿井，与采掘机运通等专业一样得分不得低于 90 分，二级矿井不得低于 80 分，三级不得低于 60 分。二是不再把申报矿井既往事故情况作为考核内容。主要是解决先行办法中存在的一部分事故矿井在事故后一年内无法参与考核定级的漏洞（现行定级办法规定，一级矿井要求上年度零死亡、二级矿井百万吨死亡率要低于全省和全国平均水平，三级矿井百万吨死亡率要低于全省平均水平，这种规定对于产量较小、而发生事故的煤矿而言，由于其百万吨死亡率难以降到本省平均水平以下，连最低的三级标准也达不到）。为了对应这一漏洞，部分地区创造了"达标不定级"的做法。三是在一级矿井标准中增加了人数的限制，即单班入井最大人数大矿不能超过1000人，30万吨以下的矿井不能超过100人。主要考虑，一级矿井理应是煤炭行业先进生产力的代表（目前的去产能过程中也是按照这一政策理解来操作的，后续的政策制定也将延续这一政策选择），应首先在减少井下作业人数、降低职工劳动强度、为职工创造更好作业条件做表率、做示范。

第六条　煤矿安全生产标准化等级实行分级考核定级。

一级标准化申报煤矿由省级煤矿安全生产标准化工作主管部门组织初审，国家煤矿安全监察局组织考核定级。

二级、三级标准化申报煤矿的初审和考核定级部门由省级煤矿安全生产标准化工作主管部门确定。

本条规定了考核定级的主管部门。明确了不同等级初审、定级责任部门。即：一级矿井由省级主管部门初审、国家局考核定级；二级、三级的初审和考核定级部门由省级主管部门确定。

第七条　煤矿安全生产标准化考核定级按照企业自评申报、检查初审、组织考核、公示监督、公告认定的程序进行。煤矿安全生产标准化考核定级部门原则上应在收到煤矿企业申请后的60个工作日内完成考核定级。

1. 自评申报。煤矿对照《评分方法》全面自评，形成自评报告，填写煤矿安全生产标准化等级申报表，依拟申报的等级自行或由隶属的煤矿企业向负责初审的煤矿安全生产标准化工作主管部门提出申请。

2. 检查初审。负责初审的煤矿安全生产标准化工作主管部门收到企业申请后，应及时进行材料审查和现场检查，经初审合格后上报负责考核定级的部门。

3. 组织考核。 考核定级部门在收到经初审合格的煤矿企业安全生产标准化等级申请后，应及时组织对上报的材料进行审核，并在审核合格后，进行现场检查或抽查，对申报煤矿进行考核定级。

对自评材料弄虚作假的煤矿，煤矿安全生产标准化工作主管部门应取消其申报安全生产标准化等级的资格，认定其不达标。煤矿整改完成后方可重新申报。

4. 公示监督。 对考核合格的煤矿，煤矿安全生产标准化考核定级部门应在本单位或本级政府的官方网站向社会公示，接受社会监督。公示时间不少于 5 个工作日。

对考核不合格的煤矿，考核定级部门应书面通知初审部门按下一个标准化等级进行考核。

5. 公告认定。 对公示无异议的煤矿，煤矿安全生产标准化考核定级部门应确认其等级，并予以公告。

本条明确了考核定级的程序。一是对等级申报、考核、定级等流程进行了细化，规定煤矿在自评合格后可以随时向标准化考核定级部门申报登记认定，考核定级部门原则上应在 60 个工作日内完成考核定级。二是要求考核定级部门在考核合格后应通过政府网站进行不少于 5 个工作日的公示，并在公示无异议后以公告的形式进行认定，不再设置"颁发证书"环节。三是对于经考核定级部门考核不合格的煤矿，明确考核定级部门应书面通知初审部门按下一个标准化等级进行考核。四是对主管部门在考核过程中发现企业弄虚作假、存在重大事故隐患如何处置进行了规范。发现企业弄虚作假后，考核定级部门终止其申报定级资格，煤矿企业在整改完成后重新申报。五是明确初审单位在提交初审合格说明前，必须做到对所有申报矿井的现场检查全覆盖，不能仅凭书面材料和企业的说明做出初审意见。同样地，对于考核定级部门，也要求在对上报的材料审核合格后，组织现场检查。对于现场检查，办法规定的是"现场检查或抽查"两种方式：第一种方式意含全覆盖；第二种方式是按比例，不要求全覆盖，需要各级部门依据实际情况掌握。从国家局层面，对于一级矿井将按照全覆盖的要求进行，建议各地也应该做到全覆盖。

第八条　煤矿安全生产标准化等级实行有效期管理。一级、二级、三级的有效期均为 **3** 年。

本条建立了有效期管理制度。明确对标准化等级实施有效期管理，所有等级的有效期均为 3 年。最大限度地减轻现行办法要求一级每年考核一次，二、三级每半年考核一次给企业和主管部门带来的工作负担。

第九条　安全生产标准化达标煤矿的监管。

1. 对取得安全生产标准化等级的煤矿应加强动态监管。各级煤矿安全生产标准化工作主管部门应结合属地监管原则，每年按照检查计划按一定比例对达标煤矿进行抽查。对工作中发现已不具备原有标准化水平的煤矿应降低或撤消其取得的安全生产标准化等级；对发现存在重大事故隐患的煤矿应撤消其取得的安全生产标准化等级。

2. 对发生生产安全死亡事故的煤矿，各级煤矿安全生产标准化工作主管部门应立即降低或撤消其取得的安全生产标准化等级。一级、二级煤矿发生一般事故时降为三级，发生较大及以上事故时撤消其等级；三级煤矿发生一般及以上事故时，撤消其等级。

3. 降低或撤消煤矿所取得的安全生产标准化等级时，应及时将相关情况报送原等级考核定级部门，并由原等级考核定级部门进行公告确认。

4. 对安全生产标准化等级被撤消的煤矿，实施撤消决定的标准化工作主管部门应依法责令其立即停止生产、进行整改，待整改合格后重新提出申请。

因发生生产安全事故被撤消等级的煤矿原则上 1 年内不得申报二级

及以上安全生产标准化等级（省级安全生产标准化主管部门另有规定的除外）。

5. 安全生产标准化达标煤矿应加强日常检查，每月至少组织开展 1 次全面的自查，并在等级有效期内每年由隶属的煤矿企业组织开展 1 次全面自查（企业和煤矿一体的由煤矿组织），形成自查报告，并依煤矿安全生产标准化等级向相应的考核定级部门报送自查结果。一级安全生产标准化煤矿的自评结果报送省级煤矿安全生产标准化工作主管部门，由其汇总并于每年年底向国家煤矿安全监察局报送 1 次。

6. 各级煤矿安全生产标准化工作主管部门应按照职责分工每年至少通报一次辖区内煤矿安全生产标准化考核定级情况，以及等级被降低和撤消的情况，并报送有关部门。

本条强化了动态监管。一是明确各级主管部门要结合"属地监管"原则，每年都要按一定比例对辖区内的各个等级的煤矿（包括不是本部门考核定级的煤矿）进行检查，对于检查和平时工作中发现已不具备原有等级标准的煤矿，任何一级主管部门都有权降低或者撤销其等级。二是明确了达标煤矿发生死亡事故后的处理办法。即：一级、二级煤矿，发生死亡 1～2 人的事故后降为三级、发生死亡 3 人及以上的事故后撤销其等级；三级煤矿，发生死亡事故即撤销其等级。对于被撤销等级的煤矿，规定原则上 1 年内不得申报二级以上的标准化等级。三是督促煤矿开展自查，要求各级煤矿在有效期内必须每年组织开展一次全面自评，并提交自评报告。

第十条 煤矿企业采用《煤矿安全风险预控管理体系规范》（AQ/T 1093—2011）开展安全生产标准化创建工作的，可依据其相应的评分方法进行考核定级，考核等级与安全生产标准化相应等级对等，其考核定级工作按照本办法执行。

本条是针对于采用《安全风险预控管理体系》开展标准化考核的全国先进煤矿，例如神华集团所属煤矿，国家也认可其开展的考核定级，并且考核等级与安全生产标准化考核的等级对等。

第十一条 各级煤矿安全生产标准化工作主管部门和煤矿企业应建立安全生产标准化激励政策，对被评为一级、二级安全生产标准化的煤矿给予鼓励。

本条是对煤矿开展安全生产标准化的激励政策。倡导各级煤矿安全生产标准化工作主管部门和煤矿企业应建立安全生产标准化激励政策，根据本地区实际，对各级安全生产标准化煤矿给予鼓励，促进煤矿持续保持考核定级时的安全生产条件，并不断提高安全生产标准化水平，建立安全生产标准化长效机制。

第十二条 省级煤矿安全生产标准化工作主管部门可根据本办法和本地区工作实际制定实施细则，并及时报送国家煤矿安全监察局。

本条是赋予各省级煤矿安全生产标准化工作主管部门制定实施细则的权力。各地煤矿安全生产标准化水平不尽相同，要求也不同，如有必要，可根据本办法结合本地区工作实际制定具体的实施细则，以便更好地指导煤矿做好安全生产标准化工作，但实施细则一定要及时报送国家煤矿安全监察局备案。

第十三条 本办法自 2017 年 7 月 1 日起试行，2013 年颁布的《煤矿安全质量标准化考核评级办法（试行)》同时废止。

本条规定了《煤矿安全生产标准化考核定级办法（试行)》开始试行日期。原《煤矿安全质量标准化考核评级办法（试行)》同时废止。

《建筑物、水体、铁路及主要井巷煤柱
留设与压煤开采规范》解读

一、修订原因及修订背景

《建筑物、水体、铁路及主要井巷煤柱留设与压煤开采规程》自2000年颁布以来,经济社会取得了长足发展,特别是大量新基础设施的建设,如高速铁路、特高压输变电线路、高压输油气水管线和高速公路等的出现,对"三下"煤柱留设设计与压煤开采设计提出了新的要求。如何对这些涉及国计民生的构筑物进行保护?是否可对其压煤进行开采?

与此同时,我国煤炭开采技术发展迅速,"三下"煤柱留设与压煤开采相关的采动理论和工程实践等也都得到了许多创新成果和大量实测数据。

此外,新施行的《煤矿安全规程》对"三下"相关内容也进行了调整,这些问题的出现迫切要求对《建筑物、水体、铁路及主要井巷煤柱留设与压煤开采规程》进行修订以适应经济社会发展、技术发展和新《煤矿安全规程》的要求。

二、与原《建筑物、水体、铁路及主要井巷煤柱留设与压煤开采规程》相比,新发布的《建筑物、水体、铁路及主要井巷煤柱留设与压煤开采规范》有哪些重要调整及做出这些重要调整的原因

《建筑物、水体、铁路及主要井巷煤柱留设与压煤开采规程》共有

9 章 135 条和 12 个附录，修订后的《建筑物、水体、铁路及主要井巷煤柱留设与压煤开采规范》共有 10 章 135 条和 5 个附录。

（1）新《规范》在章节上新增加第三章"构筑物下压煤留设与开采"与第八章第三节"煤矿开采沉陷区建设场地稳定性评价"内容。

从技术角度，构筑物与建筑物具有明显的差异。过去，鉴于构筑物类型不多，其重要性也不凸显，所以在原《规程》将构筑物与建筑物合并叙述了。随着社会发展，重要构筑物越来越多，它们的煤柱留设与压煤开采问题也越来越突出，因此，新《规范》强调了构筑物特点，对高速公路、高压输电线路、水工构筑物和长输管线的煤柱留设和压煤开采作了明确的规定，以适应社会发展的要求。

同时，目前煤矿开采沉陷区治理力度在加强，煤矿开采沉陷区具有广泛作为建设场地趋势，如，淮北矿区利用采煤沉陷区建设超高层建筑工程等，故新增了"沉陷区建设场地稳定性评价"内容，用于指导和规范煤矿开采沉陷区稳定性评价和建设。

（2）新《规范》对条款部分内容进行调整。

新《规范》把建筑物、构筑物和铁路的保护等级确定为 5 级，增加了特级保护。特级保护围护带宽度 50 m，特级保护煤柱按边界角留设，以更好保护重要的建筑物、构筑物和铁路。

新《规范》压煤开采设计只进行方案设计，初步设计不再包括在规程中。简化了压煤开采设计程序。

新《规范》对压煤开采批准权限进行了更改。只有压煤开采设计涉及煤矿企业以外其他方受护对象安全问题时，上报省级及以上煤炭行业管理部门。新《规范》既体现了简政放权精神，也保留了重视受护对象安全内容。

（3）新《规范》删除了原《规程》7 个附录。

在原《规程》12 个附录中，新《规范》仅保留了 5 个附录，删除了 7 个附录。保留下的 5 个附录内容也作了较大调整。因为原《规程》

中许多附录内容只属于参考性数据，不属于法规层面的监督执法内容，不适合在新《规范》。

为了原《规程》附录中这些宝贵技术资料的传承，现把未列入新《规范》的 7 个附录，经充分补充和修订放到与新《规范》配套的《建筑物、水体、铁路及主要井巷煤柱留设与压煤开采指南》中。

三、《规范》调整后，煤炭企业在实际操作中需特别注意的事项

（1）组织宣贯落实新《规范》。新《规范》颁布后，各省级煤炭管理部门、监管部门和煤炭企业，应组织各煤炭企业进行学习和宣贯，认真落实新《规范》各项规定。

（2）划定特级保护等级煤柱。按新《规范》规定的特级保护等级受护对象围护带 50 m、以边界角留设保护煤柱要求，重新划定特级保护等级受护对象的保护煤柱。

（3）区别不同受护对象进行审批和上报。煤柱留设与变更、压煤开采设计应当由煤矿企业组织论证、审批。压煤开采设计涉及煤矿企业以外其他方受护对象安全问题时，应与受护对象产权单位协商一致后，报省级及以上煤炭行业管理部门。

（4）在煤柱留设与压煤开采中，设计方法和计算参数可参考《建筑物、水体、铁路及主要井巷煤柱留设与压煤开采指南》。该《指南》较详细介绍了地表移动变形计算及其参数求取方法，近水体采煤的安全煤岩柱厚度计算方法，近水体采煤矿井（采区）涌水量计算方法，建筑物、构筑物、水体及主要井巷保护煤柱留设方法与实例，采动坡体稳定性预测，建筑物、构筑物和技术装置允许地表变形值，地表移动实测参数，煤矿开采沉陷区地基稳定性评价方法，经济评价的计算方法。

《陆上油气输送管道建设项目安全评价
报告编制导则（试行）》解读

《陆上油气输送管道建设项目安全评价报告编制导则（试行）》（以下简称《编制导则》）已于 2017 年 3 月 15 日以国家安全监管总局办公厅文件（安监总厅管三〔2017〕27 号）印发执行。有关解读说明如下：

一、编制背景

陆上油气输送管道安全监管纳入危险化学品安全监管范畴后，陆上油气输送管道建设项目（以下简称油气管道建设项目）按照《危险化学品建设项目安全监督管理办法》开展安全审查，油气管道建设项目安全评价报告按照《危险化学品建设项目安全评价细则》（安监总危化〔2007〕255 号）进行编制。《危险化学品建设项目安全评价细则》对油气管道建设项目安全评价工作要求不够细致具体，此外，油气管道建设项目适用的主要标准也有了更新完善，如新颁布了《油气输送管道完整性管理规范》（GB 32167），《输气管道工程设计规范》（GB 50251）和《输油管道工程设计规范》（GB 50253）都进行了修订。为进一步做好陆上油气输送管道安全监管工作，根据《中华人民共和国安全生产法》《中华人民共和国石油天然气管道保护法》《危险化学品建设项目安全监督管理办法》等法律、法规、规章相关要求，国家安全监管总局监管三司组织编制了《编制导则》，以进一步规范油气管道建设项目安全评价工作。

二、编制过程

国家安全监管总局监管三司在总结陆上油气管道监管工作经验，听取重点地区、企业单位意见的基础上，2016年1月委托石油工业安全专业标准化技术委员会开展了编制工作。2016年4月，组织召开了初审会议，广泛征求了意见；2016年9月，组织召开了《编制导则》审查会议；2016年12月30日，在国家安全监管总局政府网站发布征求意见稿，广泛征求意见；根据有关修改意见建议，进一步修改完善后，于2017年3月以国家安全监管总局办公厅文件印发。

三、主要内容

《编制导则》共有11个部分，规定了建设项目安全评价报告的适用范围、评价目的依据、建设项目概况、危险有害因素辨识与分析、评价单元划分与评价方法选择、安全评价、安全对策建议措施、评价结论等主要内容，明确了评价报告格式、附件的要求。对比之前要求，主要有以下调整变化：

1. 增加了建设单位、《可行性研究报告》编制单位合法性的评价内容（见"3.5""3.6"和"7.1.1"）。

2. 增加了带有研发性质的、首次使用的新技术、新工艺、新设备、新材料应经省部级单位组织的安全可靠性论证或工程实践验证的要求，以及国家有明令禁止的工艺、设备、材料的规定（见"7.1.2""7.1.3"）。

3. 增加了安全评价机构应对《可行性研究报告》中使用的法规、标准进行辨识，形成安全评价报告使用的现行法规、标准目录要求（见"3.3.2"和"3.3.3"）。

4. 安全管理重点强调：

（1）"根据危险、有害因素辨识与分析的结果，按站场给出应急预案需要编制的应急事件类型"（见"7.5.6"）。

（2）增加了建设单位应对安全评价报告进行内审的要求（见"9.1"）。

（3）为更好地对初步设计提供指导，相对弱化了施工和运行期间的安全评价。

（4）鉴于目前未有适合埋地管道的定量计算软件，弱化了定量计算的要求，强化了以法律法规标准为准绳的检查内容。

5. 为了全面识别分析危险有害因素，最大限度地减少不稳定因素，满足油气管道建设项目安全生产条件，特别提出了油气管道沿线社会环境、主要人口密集区域、公共设施情况及相互影响情况；站场区域布置及周边环境情况；油气管道高后果区管段识别分级情况；以及对油气管道沿线主要人口密集区域、公共设施进行危险性分析等要求（见"4.2.2""4.3.2.2""4.3.2.3""4.4.2""5.2.3""5.2.5"），按照规定对阀室设置、线路路由、站场选址、放空设施布置、站场内平面布置的合规性，站场主要技术、工艺、装置、设备、设施的安全可靠性等作出安全评价（见"7.2.1""7.2.2.2""7.3"）。注重强化站场、阀室周边公共安全，突出高后果区识别管理，加强了社会环境对管道路由选择影响等安全评价内容。

6. 针对油气管道实际，作出了工程界面与评价界面、线路路由的管段和重大危险源辨识的规定等要求（见"3.2""5.2.3""5.6"）。

7. 其他有主管部门的评价事项，本导则不再要求，只引用其报告给出的安全措施和结论（见"7.6"）。

8. 为使评价报告更加精炼，对安全评价报告内容结构进行了调整。

《陆上油气输送管道建设项目安全审查要点（试行）》解读

《陆上油气输送管道建设项目安全审查要点（试行）》（以下简称《审查要点》）已于 2017 年 3 月 15 日以国家安全监管总局办公厅文件（安监总厅管三〔2017〕27 号）印发执行。有关解读说明如下：

一、编制背景

陆上油气输送管道安全监管纳入危险化学品安全监管范畴后，陆上油气输送管道建设项目（以下简称油气管道建设项目）按照《危险化学品建设项目安全监督管理办法》开展安全审查。《危险化学品建设项目安全监督管理办法》对油气管道建设项目安全审查要求不够具体；另外，随着全社会更加关注安全生产工作，安全生产要求不断提高，需要对油气管道建设项目安全审查重点和内容进一步严格规范。为进一步做好陆上油气输送管道安全监管工作，根据《中华人民共和国安全生产法》《中华人民共和国石油天然气管道保护法》《危险化学品建设项目安全监督管理办法》等法律、法规、规章相关要求，国家安全监管总局监管三司组织编制了《审查要点》，进一步完善和规范油气管道建设项目安全条件和安全设施设计审查工作，突出重点，严格审查要求，提升本质安全水平和安全保障能力。

二、编制过程

国家安全监管总局监管三司在总结陆上油气管道监管工作经验，听取重点地区、企业单位意见的基础上，2016 年 7 月委托石油工业油气储运专业标准化技术委员会开展了编制工作；2016 年 9 月，组织召开了《审查要点》审查会议；2016 年 12 月 30 日，在国家安全监管总局政府网站发布征求意见稿，广泛征求意见；根据有关修改意见建议，进一步修改完善后，于 2017 年 3 月以国家安全监管总局办公厅文件印发。

三、主要内容

《审查要点》共有 5 个部分，明确了油气管道建设项目安全条件审查和安全设施设计审查的主要内容，提出了安全条件和安全设施设计审查不予通过的判定条件。

（一）重点审查内容

（1）安全条件审查的主要内容是危险有害因素的辨识与安全条件的分析及评价，重点关注管道沿线附近有相互影响的敏感区域评价，以及站场、阀室和放空系统周边公共安全的评价。

（2）安全设施设计审查的主要内容是工程设计、安全防护技术措施是否安全、合规、可行，重点关注管道通过人口密集区、规划区等敏感区域的说明及防护措施，以及站场选址的合理性分析、与周边安全距离的说明及防护措施。

（二）新增审查内容

1. 安全条件审查

（1）建设单位、可行性研究报告编制单位合法性评价。

（2）国内首次使用的新工艺、新技术、新材料、新设备应经省部级单位组织的安全可靠性论证或经过工程实践验证。

（3）是否对评价范围内的油库进行重大危险源辨识。

（4）水工保护和水土保持方案、地震全性评价和地质灾害危险性评估安全措施采纳情况。

（5）对首站、典型站场可能发生的事故进行定量评价。

2. 安全设施设计审查

（1）设计资质合规性。

（2）识别影响管道系统安全的危险有害因素，评价管道系统失效后的后果。

（3）开展油气管道高后果区识别工作。

《建设项目职业病防护设施"三同时"监督管理办法》解读

《建设项目职业病防护设施"三同时"监督管理办法》（以下简称《办法》）于2017年1月10日国家安全监管总局第1次局长办公会议审议通过，自2017年5月1日起施行。2012年4月27日国家安全监管总局公布的《建设项目职业卫生"三同时"监督管理暂行办法》同时废止。

一、修订背景

按照中央关于全面深化改革、加快转变政府职能的决策部署，2016年7月2日修改实施的《职业病防治法》取消了安全监管部门对建设项目职业病防护设施"三同时"行政审批事项，保留了建设单位履行建设项目职业病防护设施"三同时"的有关要求，同时规定安全监管部门加强监督检查，依法查处有关违法违规行为。为贯彻落实《职业病防治法》和国务院推进简政放权放管结合优化服务的改革要求，国家安全监管总局依法对《建设项目职业卫生"三同时"监督管理暂行办法》进行了修订，形成了本《办法》。

二、修订思路

本次修订的总体思路是围绕充分发挥"三同时"制度在建设项目职业病危害前期预防这一总体目标，细化建设单位主体责任和安全监管部门监督检查责任，重点规范职业病危害预评价、职业病防护设施设计、职业病危害控制效果评价及职业病防护设施验收工作要求，依照职业病防治法修改内容组织开展修订工作。

三、主要修订内容

《办法》共 7 章 46 条，比原来增加了 1 章 7 条。主要修订内容有：

（1）修订规章名称。《建设项目职业卫生"三同时"监督管理暂行办法》实施 4 年多来，对规范建设项目职业病防护设施"三同时"工作起到了重要作用，通过本次修订着力解决简政放权、放管结合，有关条款内容已基本成熟，故将规章名称修改为《建设项目职业病防护设施"三同时"监督管理办法》。

（2）调整总体框架。按照建设项目职业病防护设施"三同时"工作的不同阶段，对建设单位开展建设项目职业病危害预评价、职业病防护设施设计、职业病危害控制效果评价以及职业病防护设施验收相关责任要求进行了细化，并增加"监督检查"一章，明确了安全监管部门在职责范围内实施重点监督检查的内容和相关要求。

（3）依法取消审批。删除了原《办法》中有关建设项目职业病危害预评价报告审核（备案）、严重职业病危害的建设项目防护设施设计审查、建设项目职业病防护设施竣工验收（备案）等涉及行政审批的内容。

（4）明确主体责任。考虑到建设项目职业病防护设施"三同时"工作的专业性、技术性强，《办法》明确了建设单位负责人组织职业卫生专业技术人员开展有关评价报告和职业病防护设施设计评审，向安全监管部门报送验收方案，形成书面报告等责任，并要求通过公告栏、网络等方式公布有关工作信息，接受劳动者和安全监管部门的监督。

（5）加强监管执法。《办法》要求地方各级安全监管部门将职责范围内的建设项目职业病防护设施"三同时"监督检查纳入年度安全生产监督检查计划并组织实施，同时增加了安全监管部门执法人员的禁止行为规定，以及违法行为举报的受理、核查、处理等相关要求。

（6）严格验收核查。根据《职业病防治法》新增加"安全监管部门应当加强对建设单位组织的验收活动和验收结果的监督核查"的要求。《办法》明确了安全监管部门以验收工作为重点，对职业病危害严重建设项目的职业病防护设施的验收方案和书面报告全部进行监督核查，对职业病危害较重和一般建设项目的职业病防护设施验收方案和书面报告，按照国家安全生产监督管理总局规定的"双随机"方式实施抽查。

《陶瓷生产和耐火材料制造企业粉尘危害治理及监督检查要点》政策解读

一、背景

2016 年 2 月，国家安全监管总局印发《陶瓷生产和耐火材料制造企业粉尘危害专项治理工作方案》（以下简称《工作方案》），其中 2017 年 7—9 月底为集中执法阶段。为指导各地区集中监督执法和各相关企业深入开展治理工作，根据国家有关法律法规以及《陶瓷生产防尘技术规程》（GB 13691—2008）、《耐火材料企业防尘规程（GB 12434—2008)》等标准，制定了本《陶瓷生产和耐火材料制造企业粉尘危害治理及监督检查要点》（以下简称《检查要点》）。

二、基本思路

《检查要点》紧紧围绕《工作方案》中"突出重点，标本兼治"、"加强督查，注重引导"的工作要求，明确了对两类企业治理工程措施及管理措施的监督检查重点内容及检查方法，在标本兼治的同时，突出重点，着力治本，细化了两类企业重点岗位的具体粉尘工程控制措施。为进一步加强监督检查，针对不同的监督检查结果提出了不同的监管措施，对拒不整改、开展专项治理不认真的企业要坚决依法从严处罚，充分发挥安全监管部门监督指导作用，确保专项治理工作达到预期目的。

三、主要内容

《检查要点》从粉尘防护设施、个人防尘用品、职业卫生培训、定期检测和现状评价、职业健康检查 5 个方面提出详细要求，企业可以根据要求自查自改。还特别设置了"检查方法"和"检查结果及监管措施"部分，供各级安全监管部门执法人员参考。

粉尘防护设施是本次检查治理的重点内容，针对陶瓷生产企业，《检查要点》提供了 20 项检查内容，对耐火材料制造企业提供了 15 项检查内容。

陶瓷生产企业要在原料加工、粉料储存及输送、成型、烧成等环节设置粉尘防护设施。

在原料加工时，原料的粗碎、粉磨、混合、干燥、输送、包装等设备应设密闭罩或外部排风罩；易放散粉尘的加料点、卸料点及物料转运点也应设置密闭罩或外部排风罩，并减少物料的落差高度。原料粗碎工序应采用加湿措施。

粉状原料应储存在专用的库房或料仓中，不得开敞堆放。物料转运点应采用溜管形式，避免物料自由坠落，出现扬尘。粉料输送应选择密闭性好的斗式提升机等输送设备，选用胶带输送机输送物料时应进行有效的密闭。拆包、倒包作业应设吸尘装置。

在陶瓷成型环节的压机工序与其他生产工序应有隔离设施。可塑成型多余的泥料、注浆成型多余的泥浆应盛在专门的容器内；粉料静压成型工艺应采用封闭方式，料箱和模型中产生的含尘气流应有专门的风管吸入除尘系统净化处理等。

烧成车间应设专门的窑车维修室，且室内设吸尘装置。应采用专门工具清扫坯体灰尘，并在作业点上设置排风罩。煤和煤渣应放置在规定的地点并采取有效的抑尘措施。成品打磨作业应设置排风罩。

耐火材料制造企业也需在原料加工、粉料储存及输送、压制成型、烧成及其他工段设置必要的粉尘防护设施，如对各种产尘设备从工艺上进行密闭；给料、粉碎、混合、筛分设备均应进行整体或局部密闭；封闭结构的原料库，桥式抓斗吊车司机室应安装净化装置等。

为确保除尘系统有用、可靠，除尘系统的使用和维护情况也纳入了《检查要点》。除尘设施风量和风速应满足防尘要求，排风罩在不妨碍操作的前提下应尽量靠近尘源。除尘系统的设置应便于管理，符合节能和安全生产的要求，不同性质粉尘、不同湿度、不同温度的含尘气体，不宜合用一个通风除尘系统。

除尘系统应定期维护、检修和调整，除尘管道应定期清理、检查和维护，避免积尘与破损。车间还应配备水管、吸尘器等防止二次扬尘的清扫设施。

《检查要点》提出各级安全监管部门可对企业采取相应的监管措施。

对粉尘防护设施符合要求，粉尘作业场所粉尘浓度符合标准限值规定，个人防尘用品、职业卫生培训、定期检测、职业健康检查等基本符合规定的，由企业针对检查存在的问题自主进行持续改进提高。

对个人防尘用品、职业卫生培训、定期检测、职业健康检查基本符合要求，但粉尘防护设施设置不符合要求、CTWA 存在超标的，安全监管部门要依法责令企业限期整改，整改到期后，安全监管部门重新进行检查，仍不能达到要求的，停止超标岗位的粉尘作业。

对个人防尘用品、职业卫生培训、定期检测、职业健康检查或粉尘防护设施存在重大问题，CTWA 存在严重超标（超过标准限值 10 倍以上）的，安全监管部门要依法责令企业停止超标岗位的粉尘作业，限期整改，并加大执法检查频次。对于拒不整改或整改后仍达不到要求的企业，提请地方人民政府依法予以关闭。